Architects & Engineers Co., Ltd. of Southeast University

东南大学建筑设计研究院有限公司

50 周年庆作品选

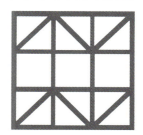

建筑·规划
2005—2015

始

于

点

划

止

于

至

善

东南大学建筑设计研究院有限公司 50 周年庆作品选　建筑·规划 编委会

编 委 会	葛爱荣
	高　嵩
	高　崧
	周广如
	施明征
	韩冬青
	沈国尧
	马晓东
	曹　伟
	周　宁
	高庆辉
	朱　坚
执行主编	高庆辉
编辑人员	赵效鹏
	刘学超
	徐　玫
	包向忠
	张　立
	崔慧岳
	杜　啸
建筑摄影	钟　宁
	耿　涛
	赖自力
	姚　力
	侯博文
	吕恒中
	许昊浩
	（等）
书籍装帧	皮志伟
版式设计	李　晶
	徐　淼

内容提要

Abstract

为庆祝东南大学建筑设计研究院有限公司成立50周年而出版本作品选。本书主要收录了公司近十年来在文化、宗教、教育、科研、体育、酒店、医疗、行政、金融等建筑类型，以及历史文化街区、风景区规划、城市设计等领域的优秀规划与建筑设计作品。其中大部分作品已建成，并获得中国勘察设计协会、中国建筑学会、教育部、江苏省住房和城乡建设厅等部门评选的优秀设计奖项。遴选作品本着精益求精的精神，兼顾学术性与原创性、专业性与大众性的特征，重点表达原创设计思路，突出展示建筑的空间与艺术美学；高标准、高完成度的不同类型建筑作品，表现出东南大学建筑设计研究院有限公司作为高校背景的专业建筑设计机构的学术特色。

本书以图文并茂的形式，对相关作品的项目概况、设计团队、创作理念、建成照片以及简要图纸等内容逐一介绍，力图为业界同仁、业主客户及大众读者呈现东南大学建筑设计研究院有限公司近年来的优秀成果。

公元 2015 年，东南大学建筑设计研究院有限公司走过第五个十年。

此十年，我们的建筑设计创作从一个侧面见证了中国改革开放及其影响下的中国城镇化急速、巨大且深刻的变化，也从这个侧面呈现了东南大学建筑创作集体与全国建筑设计行业共同进步的成果与收获。

"东南建筑"长期坚持整体环境观，坚持科学理性引导下的建筑功能观、技术观和经济观，坚持以扎实的物质空间营造体现地方风土特色的文化观。十年来，我们继续秉持并拓展了这些具有持续生命力的创作传统。在整体环境上，地域文化意识不断得到强化，并更加突出对自然生态环境的保护和展现，突出对城镇公共空间的贡献和场所活力的塑造；在建筑类型上，继续保持教育建筑、文化设施等公共建筑设计领域的相对优势，在国家和地方大型文化设施的创作上取得新的突破，在金融服务、信息服务、科技教育、社区服务、宗教文化等方面拓展了新的建筑功能类型，建筑功能处理上更加关注使用者的行为心理和建筑空间的使用效率，体现了以人为本的根本宗旨；在技术进步上，复杂结构设计、新材料运用、建筑智能化设计和基于 BIM 技术的集成设计与建造等方面都取得了突破和发展；在对建造品质的控制上，原创性构造设计及其设计深度不断优化，建成项目的性能品质和完成度有了鲜明提升。

十年来值得一提的设计进步还表现在如下几个方面：其一，环境意识和资源意识日益深入人心，绿色设计成为建筑创作和工程设计的基本价值取向。我们的绿色设计策略倡导整体优先和被动式优先，环境分析、场地规划、建筑设计、全周期评价成为系统的连续进程。基于自然通风和自然光影的空间形体设计与被动式节能构造相结合。自然地形运用、地方材料运用、可

序 Preface

循环材料运用被置于优先地位。随着"绿色建筑设计研创中心"的成立，公司在绿色设计研究、评估、实践等方面将展开更为立体和综合的服务和发展。其二，驾驭复杂建筑形体的创意能力和技术实力取得突破。与特定场地环境和文化背景相关联的复杂形体是当代设计创意领域必须积极面对的新型形式语言，我们一方面主张形式语言与场所环境和空间使用之间的适应逻辑，另一方面主张形式创意、技术策略和建造手段之间的统筹逻辑。一批具有复杂形体特征的作品落成及其优良的建造完成度表明，公司已基本掌握了与此相关的数字技术和多工种多环节建造统筹技术。新近成立的"BIM技术研究中心"将进一步促进设计创意与技术集成的多维度统筹发展。其三，城市设计实践取得长足发展。得益于东南大学城市设计学科方向的突出优势，公司的城市设计注重先进理论在实践层面的运用和拓展，在城市设计与规划编制和规划管理相结合、与工程项目前期研究相结合、与建筑创作相结合等方面具有相对明显的优势。"城市设计研究中心"成立以来，公司不仅主持完成了跨越大尺度总体规划和微观地块的数十项城市设计编制项目，且主持了地方城市设计技术标准的编制工作。其四，开放合作展现新姿态。公司与中外设计机构的合作由来已久，近年来这种开放式合作在建筑类型、建筑规模和技术特征等方面均有全面拓展。凭借建筑学科在地域建筑和历史理论等方面的研究积累优势，公司实现了从一般的施工图配合到设计内容和设计内涵的全方位互补合作的转型。合作设计与原创设计相互促进，成为扩大交流、提升自身技术进步的重要推动力量。

本书汇集了近十年来东南大学建筑设计研究院有限公司在建筑创作方面的部分成果，以此作为对公司五十周年华诞的汇报和庆贺，也以此向广大业主单位表达谢意，并与国内外同行交流心得，分享经验。敬请诸位专家批评指教！未来十年，中国建筑设计行业必将融入中国经济和文化发展的新常态。在这个挑战与机遇并存的新时期，我们将共同步入又一轮变革所引领的创新征途。

东南大学建筑设计研究院有限公司　总建筑师

前言
Foreworols

东南大学建筑设计研究院成立于1965年，是具有建筑行业建筑设计（甲级）、公路行业（公路）设计（甲级）、市政行业（道路、桥梁）设计（甲级）、风景园林设计（甲级）、遗产保护与规划设计（甲级）、电力设计（乙级）及相关行业工程咨询（甲级）资质的中大型设计院。2011年12月，经教育部批准完成了改制，更名为东南大学建筑设计研究院有限公司。

公司依托于东南大学悠久厚重的学术、科研底蕴和成果，作为建筑学院、土木学院、交通学院等院系产学研结合的基地，十分重视学术研究与科技成果的转化。五十年来，已完成了数千项各类工程设计、咨询业务。近十年中，公司设计并建成的各类工程获得国家、省部级优秀设计奖达300余项，同时还获得了"全国勘察设计创新型优秀企业""全国建筑设计百家名院""全国勘察设计诚信企业""全国工程勘察设计信息化建设先进单位""南京市精神文明单位"等荣誉。

公司现有工程设计技术人员近600人，其中各专业注册建筑师、注册工程师220余人，江苏省设计大师2人，省优秀勘察设计设计师17人，全国优秀青年建筑师10人。

公司积极开展国际交流与合作，与美国、英国、法国、德国、加拿大、瑞士、日本等十几个国家的著名设计事务所合作完成了多项建筑工程设计。

五十年来，公司始终秉承"始于点划、止于至善"的企业精神和"精心设计、勇于创新、讲究信誉、优质服务、持续改进、顾客满意"的质量方针，竭诚为社会各界提供优质的设计和服务，始终致力于实现"让顾客更满意,让员工更乐业,让世界更精彩"的企业价值观。

东南大学建筑设计研究院有限公司　总经理

目 录　Contents

016　文化・宗教建筑　Cultural & Religious Architecture

114　教育・科研建筑　Educational & Research Architecture

174　体育・酒店・医疗建筑　Sports, Hotels & Healthcare Architecture

204　办公・金融建筑　Offices & Commercial Architecture

224　风景区・历史街区・城市设计　Landscape, Historical District & Urban Design

054　镇江市丹徒高新园区信息中心
　　　Information Center of Dantu Hi-Tech Zone, Zhenjiang, Jiangsu

060　镇江市丹徒区城市规划建设展览馆
　　　Dantu District Exhibition Building of Urban Planning and Construction, Zhenjiang, Jiangsu

064　江宁博物馆
　　　Jiangning Museum, Nanjing, Jiangsu

068　如东县市民服务中心
　　　Citizen Service Center, Rudong, Jiangsu

072　江苏省绿色建筑和生态智慧城区展示中心
　　　Jiangsu Exhibition Center of Green Architecture and Ecological Intelligence City, Nanjing, Jiangsu

076　安徽省皖西博物馆
　　　Wanxi Museum of Anhui Province, Liu'an, Anhui

080　南京地质博物馆扩建工程
　　　Expansion Project of Geological Museum, Nanjing, Jiangsu

084　绵竹市广济镇中心区灾后重建公共建筑群
　　　Public Building Complex Post-quake Reconstruction in the Central Area of Guangji Town at Mianzhu, Sichuan

088　太原美术馆
　　　Taiyuan Art Museum, Taiyuan, Shanxi

092　中国国际建筑艺术实践展
　　　China International Practical Exhibition of Architecture

文化·宗教建筑 Cultural & Religious Architecture

018　南京市基督教圣恩堂
　　　Grace Christian Church, Nanjing, Jiangsu

022　南京市妇女儿童活动中心
　　　Women and Children's Activity Center, Nanjing, Jiangsu

026　金陵图书馆新馆
　　　The New Jinling Library, Nanjing, Jiangsu

030　南京吉兆营清真寺翻建工程
　　　Renovation Project of Jizhaoying Mosque, Nanjing, Jiangsu

035　九江市文化艺术中心
　　　Culture and Art Center, Jiujiang, Jiangxi

040　江苏省档案馆新馆
　　　The New Jiangsu Archives, Nanjing, Jiangsu

044　南京市档案馆、方志馆

文化·宗教建筑　Cultural & Religious Architecture

企业精神——始于点划，止于至善。

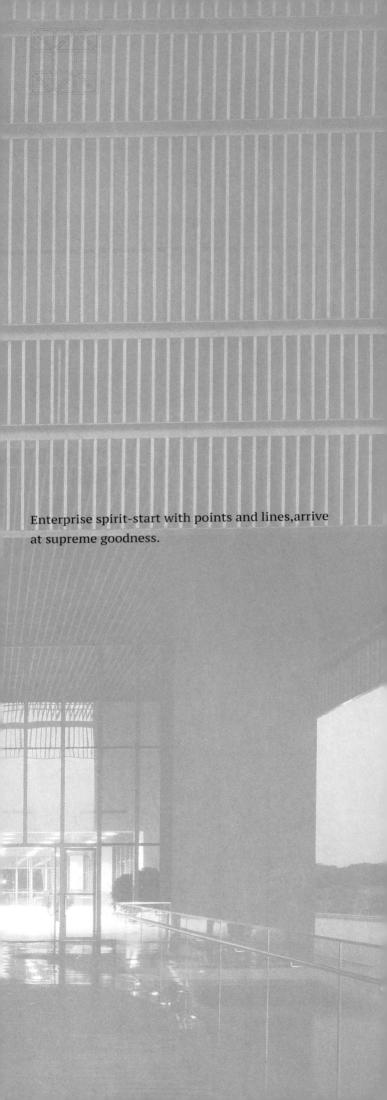

Enterprise spirit-start with points and lines, arrive at supreme goodness.

南京市基督教圣恩堂
Grace Christian Church, Nanjing, Jiangsu

建筑规模 13 611平方米
设计/竣工 2008/2014年
建筑地点 江苏·南京
建 筑 师 韩冬青 马晓东 吴海龙 王 正

南京市基督教圣恩堂选址在南京河西新城文化中心区内，与先期建成的金陵图书馆相毗邻，并与同期规划设计的妇女儿童活动中心共占用同一地块。新教堂将是南京市基督教协会所属的最大的国际礼拜堂，其内部包括一个3 500坐席的大礼拜堂、两个300~450座的辅堂和全日学、展示、教会办公及培训等使用功能。新教堂的设计面临两个突出问题：第一，如何与同期设计建造的妇女儿童活动中心及周边环境和谐共处；第二，如何通过形态设计表现基督教文化和教义及当代基督教神学思想的内涵。

设计的起点始于对环境的整体分析。新教堂、妇女儿童活动中心和相邻的图书馆被视为一个整体，行为的连续性和视觉的连续性是控制场地规划设计的基本线索，通过空间的配置与整合将新建筑与既有的河流、步行桥、地铁站联结为新的意象鲜明的场所。

入口局部

室内局部

圣恩堂的空间和形体特征首先来自其宏大的规模与当代基督教倡导牧师与信徒之间的交互感之间的尺度冲突。主礼拜堂的空间格局叠加了当代基督教礼拜堂向心模式和传统礼拜堂长轴对称模式,温馨的围合与传统的仪典归于统一。池座与楼座的分布方法有效地化解了场地不足的局限。上述策略自然催化了具有可识别特征的曲线形主形体。两个辅堂被置于由地面和缓上升的倾斜屋盖下。主堂与辅堂分别采用了与礼拜空间特征相适应的自然光策略。

结构设计组合运用了钢筋混凝土结构和钢结构两种类型,前者作为活动空间的主要承载,后者则完成主礼拜堂的覆盖。建筑外墙主材料为干挂花岗岩,通过连续等高切片的方法,复杂的双曲面被转换为线性的标准板材的连续渐变组合,从而在设计意图与建设费用间达成有效的平衡。

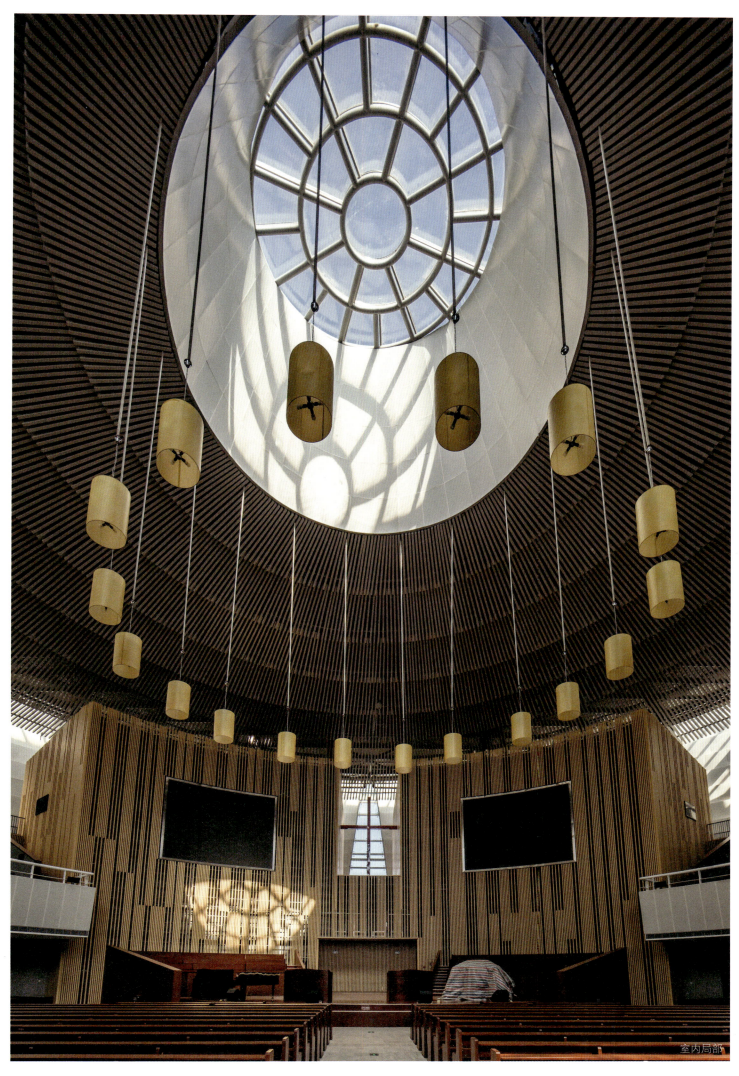

室内局部

南京市妇女儿童活动中心
Women and Children's Activity Center, Nanjing, Jiangsu

建 筑 规 模　14 326平方米
设 计/竣 工　2008/2010年
建 筑 地 点　江苏 · 南京
建 筑 师　　韩冬青　马晓东　吴海龙　王　正

南京市妇女儿童活动中心选址在南京河西新城文化中心区内,与先期建成的金陵图书馆相毗邻,并与同期规划设计的基督教圣恩堂共占用同一地块。其主要使用功能包括妇女儿童的文体活动、培训、妇联办公及配套的餐饮服务等内容。妇女儿童活动中心的基本形体来自其西侧教堂基座形体的延伸。一道东西向的"峡谷"穿破基本形体,将活动中心分成南北两部分,使城市人流可以从四周不同的方向汇集到这个文化区域,同时形成活动中心的半公共室外活动场所。

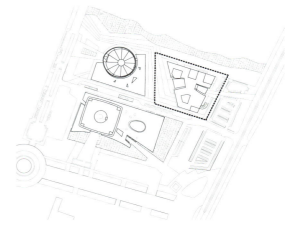

建筑全景

南向全景

西向全景

金陵图书馆新馆
The New Jinling Library, Nanjing, Jiangsu

建筑规模 24 994平方米
设计/竣工 2005/2008 年
建筑地点 江苏 · 南京
建 筑 师 曹 伟　张　宏　沙晓冬

用南京地域特有的雨花石作为锲入点，以中华民族独特的文化结晶玉石为升华，突显知识对人类精神世界的改造作用：琢石成玉。镶嵌于斜坡中自然原朴的雨花石，与悬浮于草坡之上光洁圆润的玉石，因材质和体量的对比带来视觉上的震撼和冲击。覆土草坡在突显玉石主体形象的同时，又与周围环境完美融合。草坡周边的倒影水池，使图书馆成为摒弃城市喧哗与浮躁的知识圣殿。在金陵图书馆外墙设计中引入双表皮的概念，即在开窗铝板外层再加一层彩釉玻璃。通过这种手法，使得外观获得纯净晶莹、光洁滑润的玉质肌理效果。

建筑全景

东南全景

入口局部

室内

东南近景

南京吉兆营清真寺翻建工程
Renovation Project of Jizhaoying Mosque, Nanjing, Jiangsu

建筑规模 1375平方米
设计/竣工 2009/2014年
建筑地点 江苏·南京
建 筑 师 马晓东　韩冬青　许昱歆　孙慧颖

吉兆营清真寺位于南京市玄武区吉兆营43号，是城北地区唯一一座伊斯兰教活动场所，不仅承载着城北地区穆斯林宗教生活的需要，也是南京大学、东南大学、河海大学、南京师范大学等高校中外穆斯林师生经常参加宗教活动的地方，被称为南京市伊斯兰教的"北大门"。

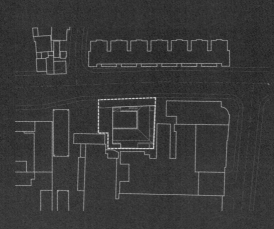

西北近景

鸟瞰

入口

室内

九江市文化艺术中心
Culture and Art Center, Jiujiang, Jiangxi

建筑规模 27 825平方米
设计/竣工 2009/2015年
建筑地点 江西·九江
建筑师 高庆辉 钱 晶 蒋 澍 徐 静 钱瑜皎 陈庆宁

九江市文化艺术中心坐落在国家级5A级风景区——庐山脚下，基地周边的八里湖通向了不远处的长江以及中国第一大淡水湖——鄱阳湖。设计构思来源于这一宏伟的滨江山水特色景观，并以中国传统艺术——国画与古典园林空间精神，进行现代抽象的方式表达：一个连绵起伏无明确方向感的曲面建筑水平向铺开，形成一幅有着国画的散点平行透视特点的山水画卷意境的空间场所。

建筑主要包含1 200座席的大剧场、500座席的多功能小剧场以及培训办公区等三大功能区，以屋顶与空中平台联系成为全天候的半户外公众空间。此外，九江市文化艺术中心采用高质量的建造设计，将艺术与技术高度融合，多专业团队在BIM平台上的协作设计、制造与施工，保证了项目的圆满完成。

建筑夜景

沿八里湖全景

"城市客厅"

大剧院

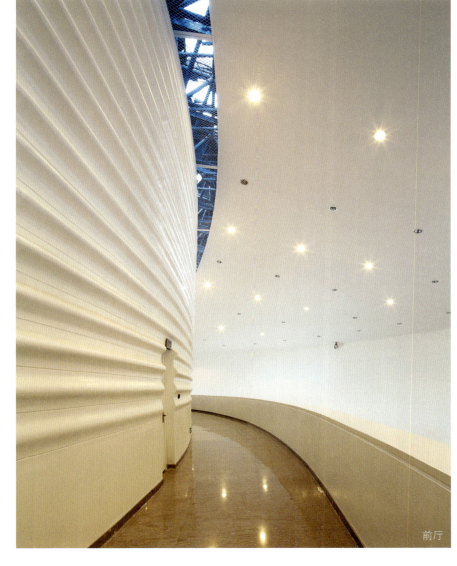

前厅

鸟瞰

观众厅

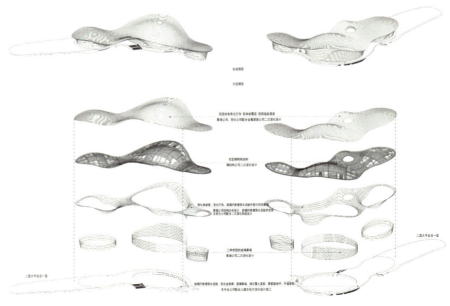
建造分析

"城市客厅"

"城市客厅"

江苏省档案馆新馆
The New Jiangsu Archives, Nanjing, Jiangsu

建筑规模 48 000平方米
设计/竣工 2008/2014年
建筑地点 江苏·南京
建筑师 曹伟 刘珏 沙晓冬 孙霄奕

建筑根据对外开放程度的不同由下至上分为三部分：一层为对外开放度最强的会议展览及相关配套；二至四层为开放度较弱的对外查阅及行政办公；五至七层为最为封闭独立的库房及技术用房区。这种按楼层布局的模式使得分区明确、内外有别，在最大程度上满足了公共区的开放性和库房区的独立性。建筑内部设置了四部交通核心筒：东南角的交通核和自动扶梯位于入口大厅一侧，便于市民快速使用；东北角的交通核用于联系技术用房和库房，属于监控区；行政办公区和会议区通过西北角的交通核便捷联系；西南角的交通核则起到疏散作用。顶部库房对保温采光有严格要求，设计上采用实墙与镂空刻纹金属板相结合的处理方法。

南向全景

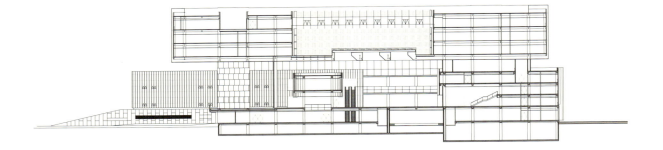

西入口局部

西南全景

西向近景

南京市档案馆、方志馆
Fangzhi Archives, Nanjing, Jiangsu

建筑规模 40 000平方米
设计/竣工 2011/2014年
建筑地点 江苏·南京
建筑师 曹伟 刘珏 赵卓 侯彦普

该项目位于河西新城区中部地区,南邻梦都大街和奥体中心,西邻乐山路和地铁松花江路站,区位非常重要。主要建设内容为新建市档案馆和市方志馆。建筑布局充分利用基地自身的特点,最大化地利用东西向的长向进行布置,公众的入口区与内部的办公辅助区通过建筑天然分隔为南北两个相对独立的区域,减少相互之间的干扰。建筑内部的平面布局,沿东西向并列布置,方志馆的功能容量较小主要布置在一、二层的西侧和三层,档案馆体量较大,偏东侧布置。

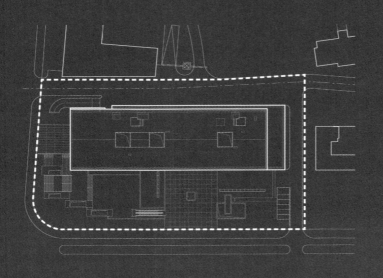

下沉庭院

西南全景

全景

入口局部

室内

外立面

局部

扬州古城南门遗址博物馆
South Gate Heritage Museum of Ancient City, Yangzhou, Jiangsu

建筑规模 2694平方米
设计/竣工 2009/2011年
建筑地点 江苏·扬州
建筑师 马晓东 陈薇 韩冬青 刘华 许昱歆 谭亮

扬州古城南门遗址系全国重点文物保护单位，叠压有唐、宋、元、明、清历代遗构的多重信息，2007年考古发掘成果显示了南门作为扬州历代瓮城和城市大门的重要历史、科技和艺术价值。现状环境复杂：南临护城河及传统风貌区；西连唐代以来的运河和水门遗址；北侧道路下是南城墙埋藏区；东有道路现状限制。而遗址本身除信息多重难以辨析表达外，更由于遗址跨度大对建筑结构及施工方式有特别要求。

场地规划致力于使遗址博物馆所在地段融入扬州南门相关地区的整体形态中，成为周边居民可随意穿越的日常户外活动的公共空间场所。建筑设计以轻质的交叉门式钢构实现了边界复杂的无柱大空间，避免了对遗址的可能干扰，钢构与铝板组成的片段特色，也暗合遗址的叠加复合特点，同时色彩和周边历史环境相协调。采光天棚的设计再现了扬州南门瓮城门道的空间形态特征，结合观览流线组织，为公众创造了易于认知遗址、再现历史信息的展示场所。

建筑入口

西侧临水门平台

展厅局部

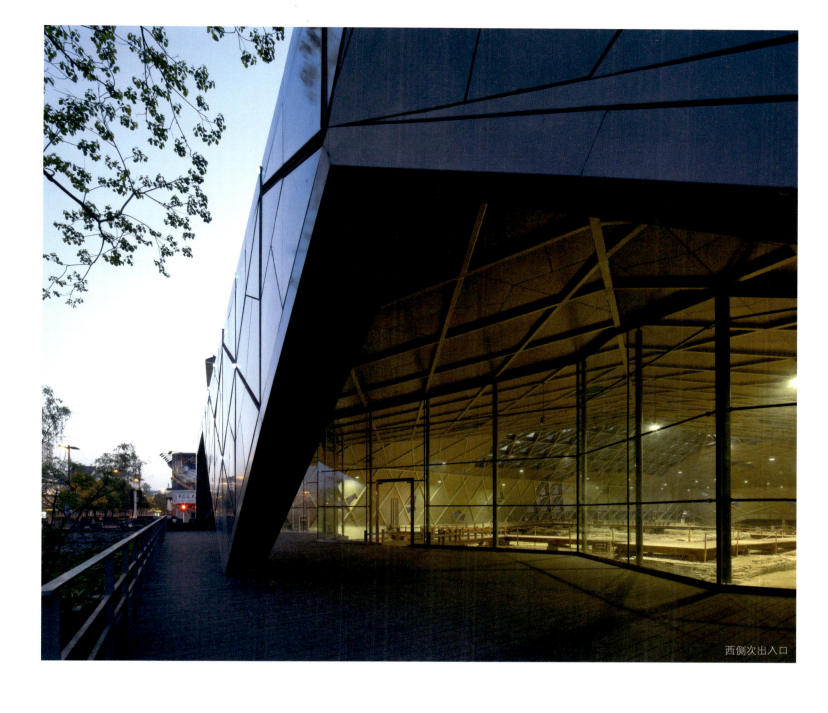

西侧次出入口

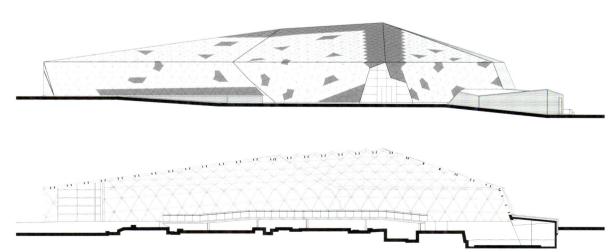

镇江市丹徒高新园区信息中心
Information Center of Dantu Hi-Tech Zone, Zhenjiang, Jiagnsu

建筑规模 6789平方米
设计/竣工 2009/2013年
建筑地点 江苏·镇江
建 筑 师 韩冬青 马晓东 顾震弘 孟 媛

本工程建筑形象为一个"凌空于碧波之上的信息盒",其主要功能为园区公共信息展示和管理办公,并提供部分高新技术产业孵化空间。

项目在设计之初就确定了以下四个目标:第一,充分满足功能使用要求,创造舒适宜人的工作环境,鼓励人群交往。第二,充分利用现状场地高差及河流景观等地形条件,使建筑与场地环境有机结合,塑造高品质的整体环境。第三,切实贯彻可持续发展战略,关注建筑节能和环境友好,达到或超过国家绿色建筑标准,以此引领园区绿色建筑新理念。第四,塑造鲜明的标志性形象,在提升园区自身辨识性的同时强化园区精神。

此外作为高新园区的标志性公共建筑,信息中心也是展示和试验低能耗、生态化、人性化的建筑技术产品的平台,并承担起向社会大众宣传建筑节能和可持续发展理念等多项社会功能。

建筑全景

从入口广场看建筑

太阳能光伏发电板

立面局部

立面局部

金属板网幕墙

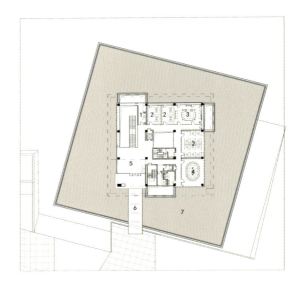

室内

主入口

镇江市丹徒区城市规划建设展览馆
Dantu District Exhibition Building of Urban Planning and Construction, Zhenjiang, Jiangsu

建筑规模　3 134平方米
设计/竣工　2007/2008年
建筑地点　江苏·镇江
建 筑 师　韩冬青　王　正　陈科舟

镇江市丹徒区城市规划建设展览馆的用地是南北向插入城市的自然绿楔的一部分。河流从用地北部蜿蜒贯穿，使北侧道路与建设场地形成大约4米的落差。本案的重要理念就是要消隐建筑作为人工构筑的突出显现。最大的总体规划展厅以其不规则形体表达了模拟自然山石的趣旨，屋面平台上突出的梯形采光盒以次一级的尺度，并采用山石意象的变形方法相呼应。深灰色机刨花岗岩饰面有效地强化了自然岩石的意象。这一设计手法实现了消融于自然景观中的"浮动山石"的形式主题。为了避免建筑的棱角过于突出，方形屋面平台的边界被切削成和缓的轮廓。屋顶公共平台的木质铺装和透明栏杆更强化了建筑向周边丘陵地貌景观的水平伸展及其自然趣旨。临近水面的外墙界面采用透明和半透明相间的明框玻璃幕墙，实现了景观利用、室内遮阳和弱化形体等综合目标。

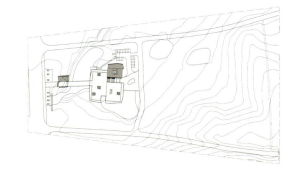

建筑全景

桥与河流

主入口局部

建筑与穿越场地的河流

江宁博物馆
Jiangning Museum, Nanjing, Jiangsu

建筑规模 7 430平方米
设计/竣工 2007/2009年
建筑地点 江苏·南京
建 筑 师 王建国　钱　锋　王湘君　徐　宁

东晋历史文化博物馆暨江宁博物馆位于南京市江宁中心区的竹山东麓，北临外港河，东接城市干道竹山路，南面与居住区相邻。设计回应当代博物馆学对文化教育功能的日益强调，塑造人们相遇和互动的场所，最大限度地体现公共性。

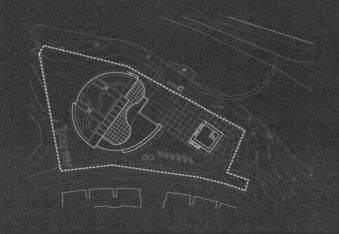

东向局部

入口广场

建筑全景

沿河全景

如东县市民服务中心
Citizen Service Center, Rudong, Jiangsu

建筑规模 14 800平方米
设计/竣工 2012/2015年
建筑地点 江苏·如东
建筑师 韩冬青 王 正 都 成 唐超乐 谭 亮

如东县市民服务中心选址于老城区以北的新城区，用地东至泰山路，西至河流，南至富春江路，北至支路。

设计着眼于城市整体物质空间形态，通过地块内的建筑形体布局和场地环境设计来完善与周边城市物质空间的关系，加强建筑及场地环境的公共性和开放性。同时兼顾如东滨海城市的特点以及该项目的展示功能，在建筑形式上力求展现地方特征，使得建筑本身成为一个展示及宣传城市文化和建设的载体，成为如东的标志性公益建筑。布局构思来源于现状场地关系以及对人的行为活动的考虑。设计起始于一个长方体几何形体，沿用地北侧检察院的建筑轴线布置。形体边界与检察院边界取平，强化了南北两座建筑之间的关联，使整个地块形成以行政中心为主体，两边建筑界面规整的秩序关系。

建筑主入口

鸟瞰全景

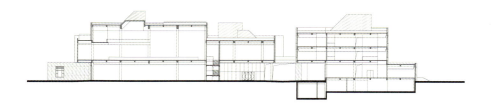

建筑沿泰山路近景

庭院局部

沿河全景

江苏省绿色建筑和生态智慧城区展示中心
Jiangsu Exhibition Center of Green Architecture and Ecological Intelligence City, Nanjing, Jiangsu

建筑规模　6440平方米
设计/竣工　2012/2013年
建筑地点　江苏·南京
建 筑 师　马晓东　顾震弘　孟　媛　杨　晨　艾尚宏

江苏省绿色建筑与生态智慧城区展示中心位于南京市河西新城区建设指挥部南侧，用地呈东西短、南北长的矩形。该建筑为临时建筑，主要功能是展示江苏省绿色建筑与生态智慧城区的技术与建设成果，同时兼有少量办公及企业洽谈和会议用房。展示中心本身也力图成为生态节能技术方面的示范建筑。

东北全景

入口局部

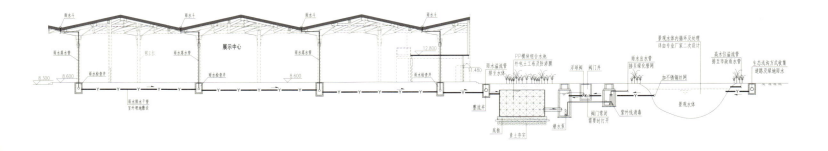

滨水立面

总体鸟瞰

安徽省皖西博物馆
Wanxi Museum of Anhui Province, Liu'an, Anhui

建筑规模 12 496平方米
设计/竣工 2006/2011年
建筑地点 安徽·六安
建筑师 钱 强　滕衍泽　何博翔　崔陇鹏　钱瑜皎　王巧莉

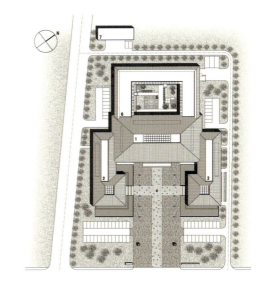

皖西博物馆位于六安市行政中心东侧，基地长240米，宽约120米，地势沿佛子岭路方向中间高、两侧低，自东南向西北逐渐降低，高差最大达15米。

在总体布局上运用传统民居中三合院与四合院相结合的手法，围合了入口广场并创造了建筑核心的内院。建筑由三部分构成：中间为陈列展览区，两侧分别为博物馆办公服务区入口和城建档案馆，博物馆库房利用了基地高差设于展厅下方。

景观设计与建筑细部设计试图以现代处理传达古典气质。

皖西博物馆呈现了一份对于传统建筑之现代表达的思考。

南向广场

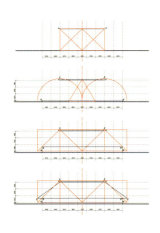
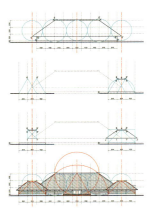

南向全景

西南近景

北向近景

东广场围合

南京地质博物馆扩建工程
Expansion Project of Geological Museum, Nanjing, Jiangsu

建筑规模　26 833平方米
设计/竣工　2007/2010年
建筑地点　江苏·南京
建 筑 师　曹 伟　徐 静　沙晓冬

南京地质博物馆扩建工程位于珠江路与龙蟠路交叉口东南角，该馆所处周边的建筑环境比较零乱，希望通过该项目的设计整合周边建筑空间环境，提升城市形象。基地北侧临内秦淮河，内秦淮河与珠江路之间的三角形地块远期规划为城市公共休闲绿地。因此，建筑的北立面将成为面向城市的主形象面，同时北侧也将作为主要的人行出入口；基地东侧规划有城市道路，主要机动车出入口沿东侧规划路设置，建筑的东立面也将成为面向城市的形象面；南侧为现状六层办公楼，新建建筑需与之保持足够的消防间距；西侧是省级文物建筑老地质博物馆，为一红色三层民国建筑，周边保留良好的绿化，新建筑将在形体和空间上与之形成对话。

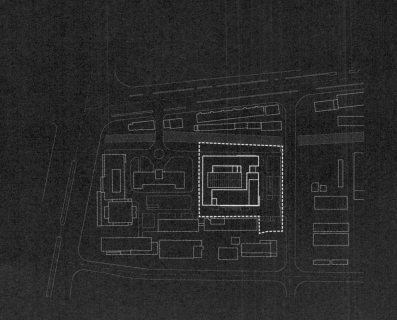

入口局部

入口局部

内庭

室内

入口局部

绵竹市广济镇中心区灾后重建公共建筑群
Public Building Complex Post—quake Reconstruction in the Central Area of Guangji Town at Mianzhu, Sichuan

建筑规模 22 156平方米
设计/竣工 2008/2010 年
建筑地点 四川·绵竹
建 筑 师 王建国　张　彤　韩冬青　邓　浩　万邦伟　周桂祥　王　鹏　王志明
　　　　　　许　巍　秦邵冬　鲍迎春　王志东　李艳丽　张　程　周革利

绵竹市广济镇中心灾后重建公共建筑群为汶川地震灾后重建工作的组成部分。广济镇位于绵竹市细部，北依龙门山脉，在5·12特大地震中人员伤亡、房屋损毁惨重。灾后重建公共建筑群集中位于镇区中心的四个地块内，包括文化中心、便民服务中心、卫生院、小学校、幼儿园、福利院等公共民生设施。

由于广济镇的灾后重建，从镇域和镇区的总体规划到建筑单体，直至景观环境与室内空间的系统性规划设计均由东南大学完成，使得中心区重建项目有机会运用整体和系统的设计思想和方法，经由注重场所内涵的精心设计和场地自然要素的保护利用，实现广济镇灾后"乡土重建"的愿景。

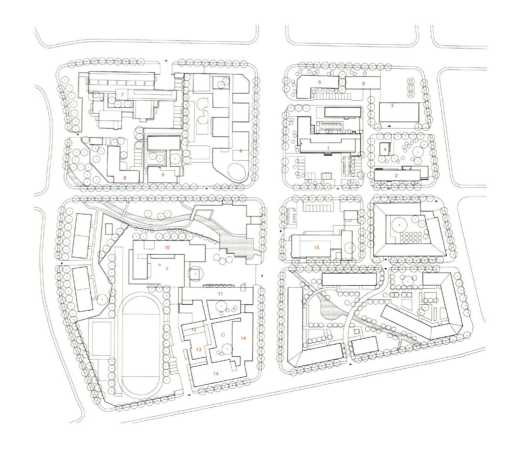

绵竹广济镇中心小学

绵竹市广济镇文化中心

绵竹市广济镇卫生院

绵竹市广济镇便民服务中心

绵竹市广济镇福利院（左）、幼儿园（右）

太原美术馆
Taiyuan Art Museum, Taiyuan, Shanxi

建筑规模　40 500平方米
设计/竣工　2009/2012年
建筑地点　山西·太原
建 筑 师　PSC设计事务所，美国
中方负责　袁　玮　林冀闽

太原美术馆位于长风文化商务区文化岛东北角,建成的美术馆主要功能为对国家、省级艺术品的收藏、研究、展示,同时开展公民素质教育及对外文化交流。

建筑造型灵感来源于晋中梯田地貌。如同用层层的梯级和蜿蜒的曲线完美契合灌溉需求和地形起伏,太原美术馆叠置而光滑的外皮正是为了体现现代技术能够实现的对于自然与人造光环境的调和与配置。其最终形式是一个新颖而极具几何张力的建筑体量,而该体量的探索与创作则完全基于对不朽的几何学原理的尊重。

整个建筑形体呈自我交织的绳结状,此绳结是由内外两条线性运动轨迹编织而成的,进而将美术馆本身与其周边环境牢牢维系在一起,并由此产生了贯穿整个建筑体的流线系统,使得参观者得以一目了然地感受整个美术馆内部丰富瑰丽的空间序列。

北向全景

南向透视

建筑局部

坡道平台悬挑

中国国际建筑艺术实践展——会议中心
China International Practical Exhibition of Architecture-Conference Center, Nanjing, Jiangsu

建筑规模 5 300平方米
设计/竣工 2003/2011年
建筑地点 江苏·南京
建 筑 师 矶崎新（Arata Isozaki），日本
中方负责 高崧 马晓东 傅筱 沙晓冬

会议中心根据地形特征布置在自然环抱的山谷之中，通过将拥有大会议室和拥有中会议室及办公室的两栋细长的主体建筑与山谷轴线正交布置，确保了建筑内部向山谷轴线方向的视线畅通。两栋主体建筑在端部通过屋顶标高在半地下层的中间设施连接，该中间设施内部设有多功能厅，屋顶作为露天平台使用。建筑整体由一面低曲率的弧形墙围起。

两栋主体建筑之间设置了中庭，并配置了大面积的水池以提高景观效应。建筑周围和上方均可通过步道连接，既可加强和周围建筑的往来联系，又为屋顶展陈的开展以及休闲散步提供了可能。

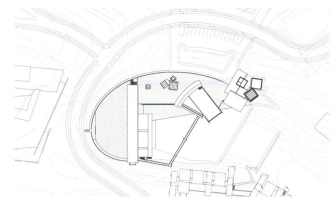

建筑入口

室内

室内

夜景

平台外景

中国国际建筑艺术实践展——睡莲
China International Practical Exhibition of Architecture-Pond Lily, Nanjing, Jiangsu

建筑规模 470平方米
设计/竣工 2003/2011年
建筑地点 江苏 · 南京
建 筑 师 马休斯·克劳兹（Mathias Klotz），智利
中方负责 高崧　马晓东　曹伟　雷雪松

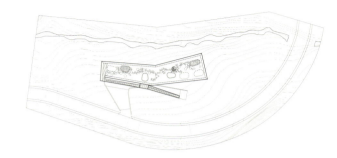

基地狭长，平缓的坡地沿着小溪向湖面展开，别墅"睡莲"依平行等高线平面展开，雕塑成折线带状空间，通过形体的处理，协调了坡地、水体和道路。

屋顶略高于旁边的道路，是一个水生植物的种植园，浅浅的水池中散布着如睡莲一般的圆形石板，自由散落的圆石小径颇有中国园林的味道。夹在平坦的地板和顶板之间的是其带状内部空间，完整而连续，分别嵌入带卫生间的卧室、厨房和贯通到屋顶花园的圆形天窗，形成独特的采光效果，屋面板比地板的面积要大，起着遮蔽日晒的作用。除了局部的承重墙、平台和入口，建筑的外围护表皮是完整的透明和半透明玻璃表面。建筑的基础是一系列垂直等高线的肋形短墙，轻轻将上部的结构托起，当中的两条短墙之间设置了设备房。在建造方面，作品将使用小模板现浇混凝土建造结构主体部分，室内地板铺条石，宽度与天花板上留下的模板印记相对应。

建筑局部

立面西侧

上屋面肢道

外景

室内天井

中国国际建筑艺术实践展——光盒子
China International Practical Exhibition of Architecture-Light Box, Nanjing, Jiangsu

建筑规模 420平方米
设计/竣工 2003/2011年
建筑地点 江苏·南京
建 筑 师 戴维·艾德加耶（David Adjaye），英国
中方负责 高崧 马晓东 曹伟 钱晶

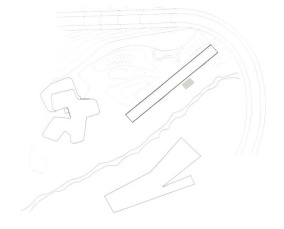

别墅"光盒子"由一实一虚两个立方体组成。实体部分是一个从基地上架起的60米细长箱体,横亘在小溪前,内部空间沿着箱体的长向直线排开,布置门厅、厨房、餐厅、起居室、工作室以及位于三处夹层空间的卧室和起居空间。夹层部分的地板结构是船底形,形成房间缓坡状的独特地面,对于底层也不会因为夹层底板的存在而破坏空间的连续性。在箱体的中部,面向道路的位置是一个人工种植的矩形竹林,形成一个虚的立方体,其后是别墅的主入口。

作品对于自然光线的处理方式很独特,整座房子就像一个精密的光的容器,外墙除了两个起居室开有大玻璃窗,分别朝向建筑北面和东面的空地,其余部分只有像舷窗一样的小方洞。主要的自然采光来自布满屋顶的带形天窗,对应内部空间的变化,天窗的宽度和间隔各不相同,阳光透过天窗投下许多细细的光带充满整个室内,随着时辰和季节太阳高度的变化,这些光带缓慢移动,像日晷一样精确记录下大自然的周期变换。

建筑全景

天窗光影效果

天窗光影效果

立面近景

中国国际建筑艺术实践展——水榭
China International Practical Exhibition of Architecture-Waterside Pavilion, Nanjing, Jiangsu

建 筑 规 模　340平方米
设计/竣工　2003/2011年
建 筑 地 点　江苏 · 南京
建 筑 师　阿尔伯特·卡拉奇（Alberto Kalach），墨西哥
中 方 负 责　高 崧　马晓东　万晓梅

别墅"水榭"完全跨在水面上，是一个长方形的坡屋顶木构房屋，如中国园林中的水榭一般，创造了一个和谐的观赏与被观赏的节点，成为整个展区精彩的景观。

整个建筑分为三个部分：平台、木框架、屋顶。作为建筑主体的木框架部分由16个柱网均匀排列，中间10个空间容纳5套完全相同的套房。两端各三个开间分别是两处公共的厨房和起居空间。所有空间的联系和组织依靠向外四面出挑的平台。平台由木框架柱子支撑，同时柱子支撑在水面以下的混凝土基础上。在平台的南端有一个坡道连接湖边的陆地，作为别墅的入口。屋面是覆盖陶瓦的大屋顶，由一组直纹曲面组成，在中部卧室的屋面向外出挑较大，用以遮蔽阳光，同时保证居住空间的私密性。两端起居空间部分的屋面略微上翘以获得开阔的视野。除了屋面使用陶瓦，水下的基础采用混凝土，整座房子的结构和围护全部使用木材建造。

沿水全景

临水平台

屋架结构

临水边廊

立面近景

中国国际建筑艺术实践展——舟泊
China International Practical Exhibition of Architecture-Boat House, Nanjing, Jiangsu

建筑规模 990平方米
设计/竣工 2003/2011年
建筑地点 江苏 · 南京
建 筑 师 马蒂·那克塞那豪（Matti Naksenaho），芬兰
中方负责 高崧　马晓东　薛枫　薛丰丰

别墅"舟泊"平面大致呈梭形，垂直等高线靠近湖面布置，横跨在道路和湖面之间。临湖一段，是一个五层高的玻璃墙面，略倾向湖面，内部空间分别为起居室、工作室和主卧室，窗外平台一直延伸到湖面，强化了建筑的亲水性。建筑面向道路一端仅两层高，侧面是镶嵌了绿色锈蚀铜板的弧形墙，正面处理成大台阶，直达屋顶平台，这里有一个小泳池、一个壁炉以及联系下面各层的电梯。从平台的顶部可以俯瞰展区的整个水湾和泻湖。由于平台的高度降低到树冠以下，树丛成为屋顶平台天然的围护体。

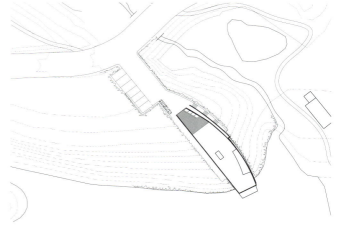

建筑全景

局部近景

室内

建筑优美的半圆弧形体、外墙纹理考究的锈蚀铜板面层、室内木质的表面、大起居室的波浪形天花板以及屋顶天光,都体现了建筑师特有的浪漫与人性化气质。

通高空间

152　泉峰集团总部办公楼
　　Chervon Headquarters, Nanjing, Jiangsu

156　北京未来科技城中国电子人才基地
　　Chinese Electronic Talent Base of Future Technology City, Beijing

160　苏州高新区行政服务中心二期
　　Second Phase Project of Administration Service Center of Hi-Tech Zone, Suzhou, Jiangsu

164　丹徒新城科创中心
　　Science and Creation Center of Dantu New Town, Zhenjiang, Jiangsu

168　南京钟山创意产业园
　　The Purple Mountain Creative Industry Park, Nanjing, Jiangsu

170　江苏舜天国际集团研发中心一期工程
　　First Phase Project of Research and Development Center of Jiangsu Sainty International Group Corp. Ltd., Nanjing, Jiangsu

教育·科研建筑
Educational & Research Architecture

116 张家港市梁丰初级中学
Liangfeng Junior High School, Zhangjiagang, Jiangsu

120 北京建筑大学大兴新校区机电与车辆工程学院、电气与信息工程学院
School of Mechanical-electronic & Automobile Engineering and School of Electrical & Information Engineering of Daxing Campus of Beijing University of Civil Engineering and Architecture, Beijing

124 中共南京市委党校规划及建筑设计
Planning and Architecture Design of New Campus of Nanjing Party Institute of CPC, Nanjing, Jiangsu

128 独墅湖高教区东南大学苏州研究院
Suzhou Research Institute of Southeast University in Dushu Lake Higher Education Town, Suzhou, Jiangsu

132 南京市北京东路小学教学楼
Beijing East Road Primary School, Nanjing, Jiangsu

136 长兴广播电视台
Changxing Radio and Television Station, Huzhou, Zhejiang

142 南京三宝科技集团超高频 RFID 电子标签产业化应用项目物联网工程中心
IOT Engineering Center of Ultra-High Frequency RFID Tags Industrial Application Project of Sample

教育・科研建筑　Educational & Research Architecture

张家港市梁丰初级中学
Liangfeng Junior High School, Zhangjiagang, Jiangsu

建筑规模 29 082平方米
设计/竣工 2010/2011年
建筑地点 江苏·张家港
建 筑 师 韩冬青 都 成 吴海龙 王恩琪 许昱歆
合作设计 张家港市建筑设计研究院有限责任公司

梁丰初级中学的整体空间由轴线、中心广场和院落的结构展开。校园主轴线沿东西方向始于入口，结束于体艺馆，控制了从主入口进入校园的礼仪空间；在校园内部以报告厅自身体量形成南北次轴线；教学楼院落、实验楼院落和宿舍院落同校园主广场之间均有便捷联系。

建筑全景

局部

内廊

主入口全景

教学楼近景

北京建筑大学大兴新校区机电与车辆工程学院、电气与信息工程学院
School of Mechanical-electronic & Automobile Engineering and School of Electrical & Information Engineering of Daxing Campus of Beijing University of Civil Engineering and Architecture, Beijing

建筑规模 17 580平方米
设计/竣工 2011/2014年
建筑地点 北京·大兴
建 筑 师 高庆辉 孔 晖 袁伟俊

项目位于北京建筑大学大兴校区内中心景观轴线的东侧地块,包括机电与车辆工程学院、电气与信息工程学院楼。在校方限价设计的前提下,本项目通过高质量的美学设计手法——从学生"书页"进行提炼,形成竖向韵律的建筑语言,并采用涂料、面砖等低造价的建筑材料,塑造出高质量的素雅简约的教育建筑风格。

设计以北京传统民居——四合院的空间"原型"进行拓扑,通过两个简洁的条形体量,与东侧已经建成的金工电工电子实训中心共同围合成半开敞的C形"三合院",朝向西侧景观主轴打开,综合解决新建建筑与已存的金工电工电子实训中心以及校园环境的相互协调关系,实现文脉的延续以及环境的和谐统一。

电信楼一隅

"光庭"

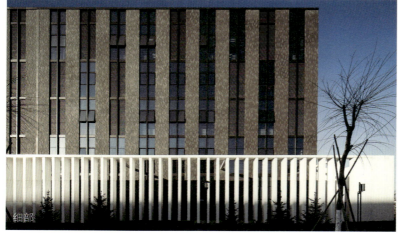
细部

报告厅近景

东南近景

西南近景

中共南京市委党校规划及建筑设计
Planning and Architecture Design of New Campus of Nanjing Party Institute of CPC, Nanjing, Jiangsu

建筑规模 81 621平方米
设计/竣工 2010/2013年
建筑地点 江苏·南京
建筑师 曹伟 徐静 刘弥 沙晓冬 刘媛

南京市委党校三条轴线均强调视线的开敞性，强调显山透绿的总体规划格局思路。礼仪轴正对的教学主楼以双子楼的形态出现，轴线中部以虚空处理，将南侧灵山借景到入口礼仪广场中；生活轴南北向打通，保留生活区入口与灵山之间的视线通廊；景观轴横贯东西，既将礼仪轴和生活轴沟通起来，又是一条校园内部主要的具有景观景深的视觉走廊。

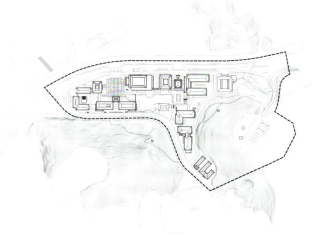

东向近景

鸟瞰

水景

庭院局部

庭院局部

独墅湖高教区东南大学苏州研究院
Suzhou Research Institute of Southeast University in Dushu Lake Higher Education Town, Suzhou, Jiangsu

建筑规模　63 668平方米
设计/竣工　2007/2009年
建筑地点　江苏·苏州
建　筑　师　高庆辉　袁　玮　高　崧　林冀闽　孙霄奕

项目位于新老苏州交界处、独墅湖岸边的高教园区内一片由湖面、河道、绿地等交织在一起的江南水乡的场景中。研究院总共包括八幢建筑，主要为国际合作办学楼、东南大学科技产业园、研究生楼、教学楼、科研实验楼、信息中心等建筑。

设计试图营造一处既有着老城"小苏州"清雅的院落意境，又不乏当代教育建筑明朗化气息的场所：北侧建筑平行道路形成水平向延伸的城市界面，营造出"大苏州"的形象气质；而内部则通过设置庭院、游廊等小尺度要素，创造出所谓"小苏州"曲径通幽的空间氛围。院落组织也适度打破正交的轴网体系而进行部分的扭转和折叠，这种"曲折"的"秩序"被含蓄地显露出来，尽管尺度更大，但是仍能从中隐约地体味到"小苏州"的曲而不直、折而不通、静谧而幽深的人文意蕴。漫步其间，步移景异，似乎总能找到"借景""游廊""亭榭""檐下""美人靠"等苏州园林的要素。

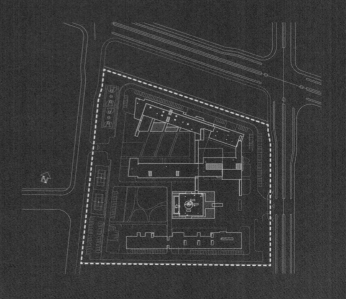

建筑局部

"光庭"

北向近景

内庭

建筑全景

沿河全景

南京市北京东路小学教学楼
Beijing East Road Primary School, Nanjing, Jiangsu

建筑规模 5938平方米
设计/竣工 2005/2007年
建筑地点 江苏·南京
建 筑 师 徐 静 曹 伟

北京东路小学教学楼是一个改扩建项目，将原临街的两幢老教学楼拆除重建。基地位于北京东路小学的南部，临北京东路。基地的西侧为北京东路幼儿园，东侧为居住小区，北侧为现有教学楼，整个小学用地非常局促，希望通过新教学楼的建设整合整个校园空间，完善功能，塑造新的建筑形象。

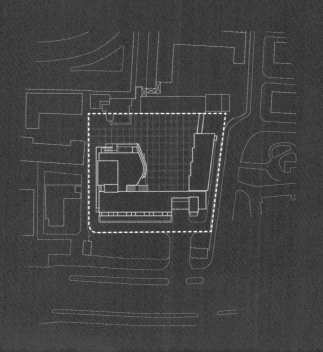

局部

入口局部

沿北京东路街景

立面局部

局部

长兴广播电视台

Changxing Radio And Television Station, Huzhou, Zhejiang

建筑规模　23 660平方米
设计/竣工　2007/2009年
建筑地点　浙江 · 湖州
建筑师　　傅 筱　刘桑园

长兴广播电视台位于浙江省长兴县龙山文化新区，与旧城区接壤，基地东邻长兴县图书馆，西接龙山公园，南临甘家河公园，北接梅山公园，基地环境优美。项目总用地面积约1.86公顷，总建筑面积约2.36万平方米，地上四层，地下一层。建筑性质为广电建筑，功能、工艺均较为复杂。该建筑已成为浙江省广电系统的示范工程。

设计理念：长兴广播电视台是一个关注城市空间开放性的实践，基地周边均为开放的市民公园。这块地用做建设基地后，市民原来的自由活动路线可能被阻断。我们在项目规划之初，建议当地政府将广播电视台设计成为"还给城市的市民空间"，将建筑用地再还给城市，还给市民，这个理念得到各方的充分肯定。由此，我们形成了该建筑的设计概念：将空间还给城市市民，建筑应成为一个可以让人自由前往的场所，并恢复原来的自由活动路线。

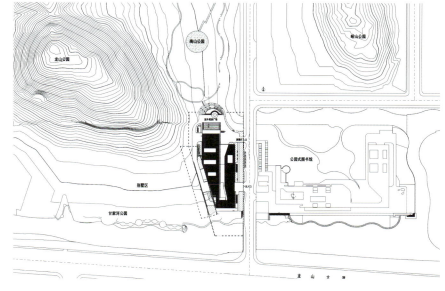

建筑全景

室内

观景平台

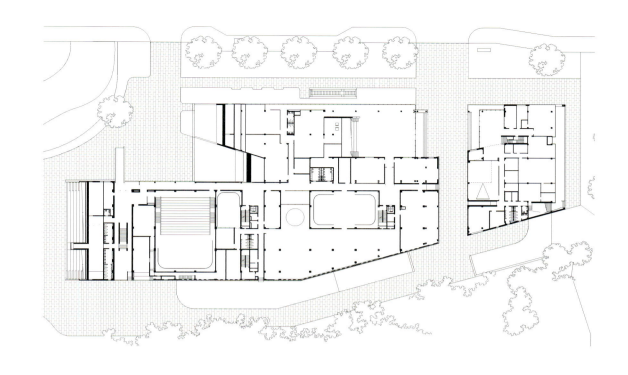

局部

平台入口

局部

局部

 局部
 局部
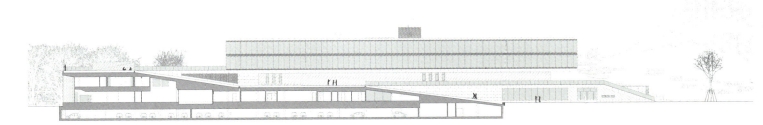
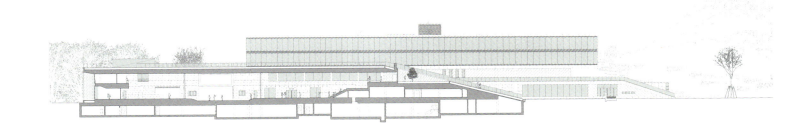

南京三宝科技集团超高频RFID电子标签产业化应用项目物联网工程中心
IOT Engineering Center of Ultra-High Frequency RFID Tags Industrial Application Project of Sample Technology Group Co. Ltd., Nanjing, Jiangsu

建筑规模 21 505平方米
设计/竣工 2011/2013年
建筑地点 江苏·南京
建筑师 张 彤 殷伟韬 耿 涛 陆 昊 陈晓娟 沙菲菲

南京三宝科技集团超高频RFID电子标签产业化应用项目物联网工程中心，位于紫金山东麓马群工业园区。本项目的设计是三宝科技园区一期建设的扩展与增建，是对园区及周边碎片化空间环境的修补、改造与整合。项目设计实践的是一种后锋性的弥补策略。在迅猛粗糙的量化城市化造成的典型的无序、破碎的肌理中，以谨慎的技术态度，发现并建立肌理结构，织补断裂的空间环境，连接历史的印记与未来的发展。

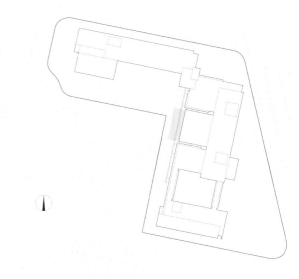

主入口广场

从报告厅看主入口

报告厅与北翼入口

室内

物联网工程中心建筑群的立面主要由四种材质组成，分别是定制陶板（复合窗）墙面、框栅玻璃幕墙、金属网板遮阳表层与锯齿板遮阳立面。四种材质并没有单独地去围合不同的体量，而是成为空间织补的组织性元素，叠合成为一种经纬交织的结构，在可感知的物的层面，赋予空间交织以质感。

北翼南侧街景

西立面

办公区阅读楼阶

立面局部

入口局部

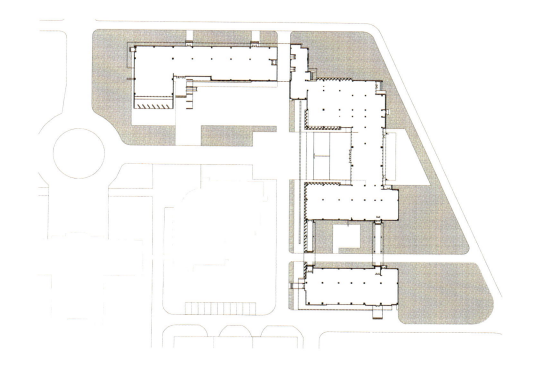

中国普天信息产业上海工业园智能生态科研楼
Intelligent Ecological Scientific Building of Shanghai Industrial Park of Potevio, Shanghai

建筑规模 4370平方米
设计/竣工 2006/2009年
建筑地点 上海
建 筑 师 张 彤 毛 烨 苏 玲 朱 君 赵 玥

中国普天信息产业上海工业园智能生态科研楼位于上海市奉贤区,由中国普天信息产业上海工业园发展公司投资建设,由东南大学建筑学院、东南大学建筑设计研究院、上海建筑科学研究院与瑞典皇家工学院产业生态系联合研究设计。项目的建设旨在全面研究并在可能的条件下,集成与优化体现可持续性原则的建筑设计策略与技术设备,开展建筑环境控制智能化系统的研发与产业化实验,创建我国冬冷夏热地区绿色建筑的"示范工程"。

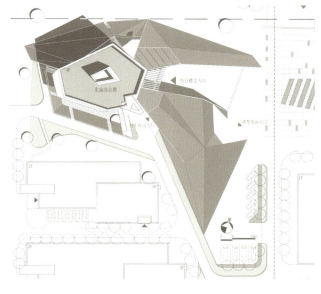

主入口全景

自遮阳主入口

可调节遮阳表皮

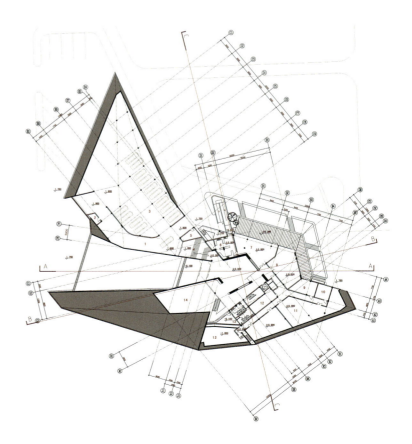

局部

泉峰集团总部办公楼
Chervon Headquarters, Nanjing, Jiangsu

建筑规模 37380平方米
设计/竣工 2003/2007年
建筑地点 江苏·南京
建 筑 师 帕金斯威尔（Perkins+Will）建筑设计事务所，美国
中方负责 钱 锋 刘 珏

泉峰集团总部办公楼位于南京江宁区天元西路和利源路的交叉口。该楼的使用性质为总部办公、产品研发以及培训接待，此外还安排了足够的健身空间。

作为一个国际标准的总部办公楼，其各部分的功能彼此关联又相对独立。该组建筑造型独特，呈巨大的S形，由南北向三幢和东西向两幢建筑物组合而成，由长廊和天桥实现相互的联系。建筑体量呈斜向展开，各翼建筑物挑檐深远，轻盈欲飞，令人感觉既硬朗有力又玲珑剔透。

建筑群各翼的立面处理逻辑清晰，南北向以大面玻璃和实墙穿插进行构图，而东西立面则在石墙上以一系列富于韵律和节奏的竖向窗洞进行横向延展。贯穿南北的连廊、天桥将建筑群"S"形体量的户外空间划分成若干大小和主题不一的庭园空间，营造了静谧而幽远的中国园林的意境，创造出舒适和宜人的办公空间。

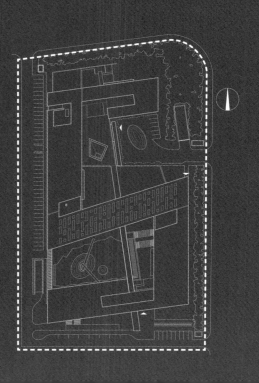

整体鸟瞰

前庭

内庭

东向近景

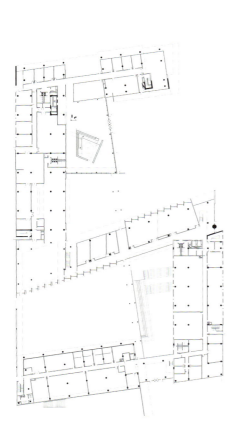

研发楼局部

北京未来科技城中国电子人才基地
Chinese Electronic Talent Base of Future Technology City, Beijing

建筑规模 301 954平方米
设计/竣工 2011/2014年
建筑地点 北京
建筑师 钱 锋 沙晓冬 李大勇

规划利用基地东西向较长的特点引入一条长近500米的绿色之谷,整个园区内绿意盎然,生机勃勃,两期用地通过绿谷组合成为一个完整的有机生命体。规划将建筑尽量沿四周道路的退让线设置,形成外紧内松的空间布局。同时将"L"形建筑分别设于基地四个角部,建筑对内空间围合,对外形象完整。外围建筑为六层,内部采用两层,自外向内退层的手法消解了建筑轮廓线的生硬感。同时设计从自然界谷道外形中获得灵感,将绿谷两侧的裙房处理成自然流动的线性形态。

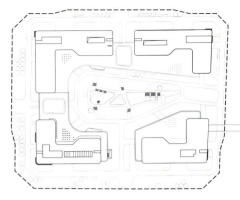
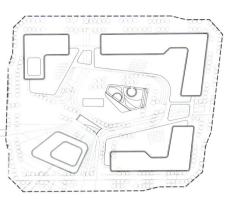

二层屋面透视

内庭

西侧入口

内庭

中心景观

苏州高新区行政服务中心二期
Second Phase Project of Administration Service Center of Hi-Tech Zone, Suzhou, Jiangsu

建筑规模 81 445平方米
设计/竣工 2009/2013年
建筑地点 江苏·苏州
建筑师 曹伟 刘珏 赵卓 沙晓冬 李竹 孙霄奕 翁翊暄 李晟嘉

苏州高新区行政服务中心二期建设用地位于苏州高新区锦峰路以东、太湖大道以南及绕城高速辅道以西，西侧隔锦峰路为科技大厦二期1-2#楼。场地地势较为平整。

设计以基地周边景观为主导的规划布局，显山露水。根据苏州市城市管理委员会"北扩西进"，建设"一流园区"的战略指导，大力发展科技城，要把科技城建设成融"科技、山水、人文和创新"特色于一体的一流研发创新高地和科技城山水生态城，在苏州高新区科技大厦二期内设置一系列与一期相呼应的现代新型办公建筑。

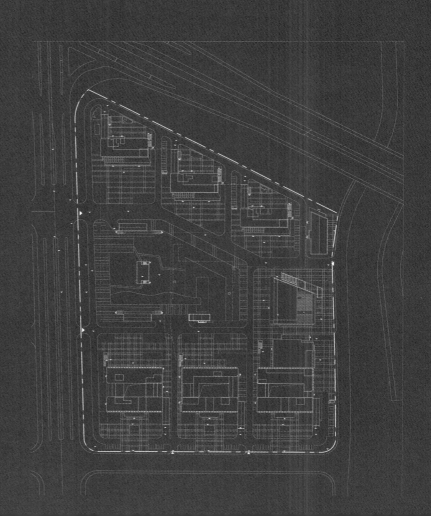

西侧局部

餐厅局部

餐厅近景

入口局部

全景

丹徒新城科创中心
Science and Creation Center of Dantu New Town, Zhenjiang, Jiangsu

建筑规模 20 477平方米
设计/竣工 2010/2013 年
建筑地点 江苏·镇江
建 筑 师 韩冬青　王　正　孟　媛

丹徒新城科创中心位于丹徒新城东部工业园区内，是一个集行政办公与园区配套管理服务于一体的综合性项目。

本案在建筑形体上分为上下两部分：底层厚重的基座与搁置在其上的轻盈的盒子，以此实现形体紧凑、对比强烈、外观简洁有力的形体效果。为强调上下形体的轻重对比，基座部分完整连续，采用深色花岗岩饰面，突出其重；上部的两个盒子则轻轻放在基座上，与其仅有一线之交，局部的大尺度出挑以及U形玻璃的外饰面进一步强化了上部形体的轻盈通透。上部盒体与下部基座形体完整，轮廓清晰，以相切的方式交接，形成强烈的视觉冲击力，从而获得建筑的标识性。

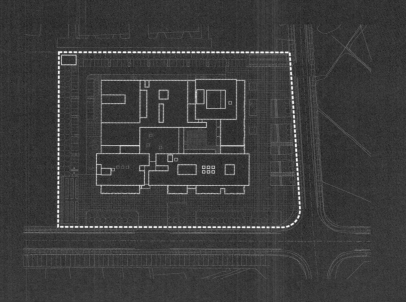

主入口空间

西端悬挑形体

全景

庭院

南京钟山创意产业园
The Purple Mountain Creative Industry Park, Nanjing, Jiangsu

建筑规模 619 600平方米
设计/竣工 2009/2015年
建筑地点 江苏·南京
建 筑 师 高崧 雒建利 滕衍泽

南京钟山创意产业园位于仙林新市区"智慧经济圈"范围内,为低碳节能型生态园区,处于仙鹤片区偏西南部。园区以多层建筑为主,功能为办公与研发用房,每栋均有良好的景观视野,功能布局清晰明快,建筑造型现代时尚。该项目采用多种绿色建筑技术,如可再生能源地源热泵空调系统、太阳能热水系统、屋顶绿化系统等,是江苏南京首批绿色建筑示范区。

滨水景观

D21#楼

庭院

江苏舜天国际集团研发中心一期工程
First Phase Project of Research and Development Center of Jiangsu Sainty International Group Corp. Ltd., Nanjing, Jiangsu

建筑规模　139 400平方米
设计/竣工　2003/2006年
建筑地点　江苏·南京
建　筑　师　WZMH建筑设计事务所，加拿大
中方负责　钱　锋　刘　珏

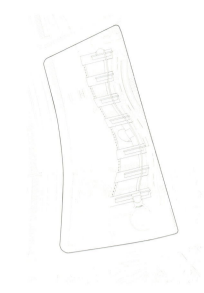

江苏舜天国际集团研发中心位于南京雨花台区机场高速以东，宁南大道以北，郁金香路以南，总建筑面积为139 400平方米，目前实施的一期工程总建筑面积为81 000平方米，是由四幢条式办公楼和一幢椭圆形的综合服务楼及连廊组成的一个建筑群。其中南面第一幢建筑为30米的二类高层，其余均为24米以下的多层建筑。房屋使用功能为研发、办公，辅以部分的会议、食堂，地下室则为设备机房以及机动车库，构成一个完整的总部。

沿水全景

体育·酒店·医疗建筑
Sports, Hotels & Healthcare Architecture

176　南京青奥体育公园
　　Nanjing Youth Olympic Sports Park, Nanjing, Jiangsu

180　靖江体育中心
　　Sports Center, Jingjiang, Jiangsu

184　东南大学九龙湖校区体育馆
　　Stadium of Jiulong Lake Campus, Southeast University, Nanjing, Jiangsu

186　南京紫金山庄
　　Purple Mountain Villa, Nanjing, Jiangsu

190　上饶市龙潭湖综合整治项目
　　Longtan Lake Renovation Project, Shangrao, Jiangxi

194　南京鼓楼医院仙林国际医院基本医疗区
　　Basic Sanitaria of Xianlin International Hospital of Drum Tower Hospital, Nanjing, Jiangsu

198　东莞市人民医院新院

体育·酒店·医疗建筑　Sports, Hotels & Healthcare Architecture

南京青奥体育公园
Nanjing Youth Olympic Sports Park, Nanjing, Jiangsu

建筑规模 7 430平方米
设计/竣工 2012/在建
建筑地点 江苏·南京
建筑师 韩冬青 高崧 王志刚 钱晶 周玮 刘弥 李大勇

我公司承担本项目总体规划、青少年奥林匹克培训基地及长江之舟综合体设计，其中长江之舟综合体方案设计为上海EDG建筑设计公司。规划定位首先应体现青年人充满活力的特点，体现与江、河"水"的关系。场地的布局结构与建筑造型设计都应紧扣这个主题，通过富有流动感和张力的曲线，把"波浪""潮涌""水滴"等自然造型抽象成为场地和建筑的规划设计元素。通过轮船造型的标志性建筑寓意长江之舟，体现青年人志向远大、不怕困难奋勇前进的拼搏精神。

公园全景

沿河全景

近景

入口广场

沿滨江大道实景

靖江体育中心
Sports Center, Jingjiang, Jiangsu

建筑规模 94 133平方米
设计/竣工 2010/2014年
建筑地点 江苏·靖江
建 筑 师 袁 玮　石峻垚　李宝童

场地位于靖江市滨江新城，北起富阳路，南临新洲路，东至通江路和西天生港，西至新民路，向北通过通江路连接靖江老城。地块内东侧有一条南北向的河流天生港横贯基地。基地规划用地面积为318亩，包括20 000人体育场、6 600座综合体育馆、游泳馆、沿街商业设施、室外用活动场地等。

主入口

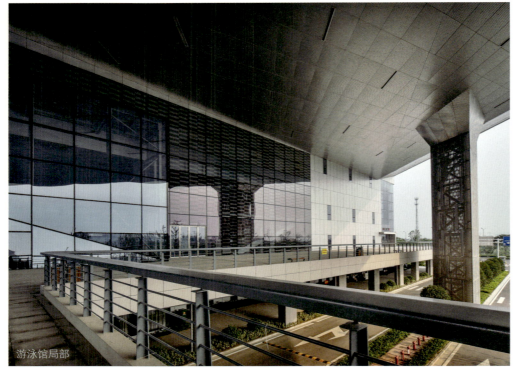

游泳馆局部

体育馆局部

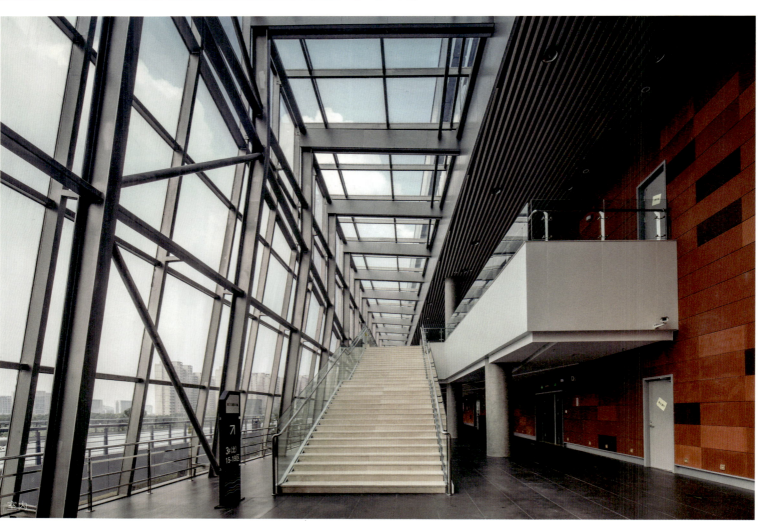

室内

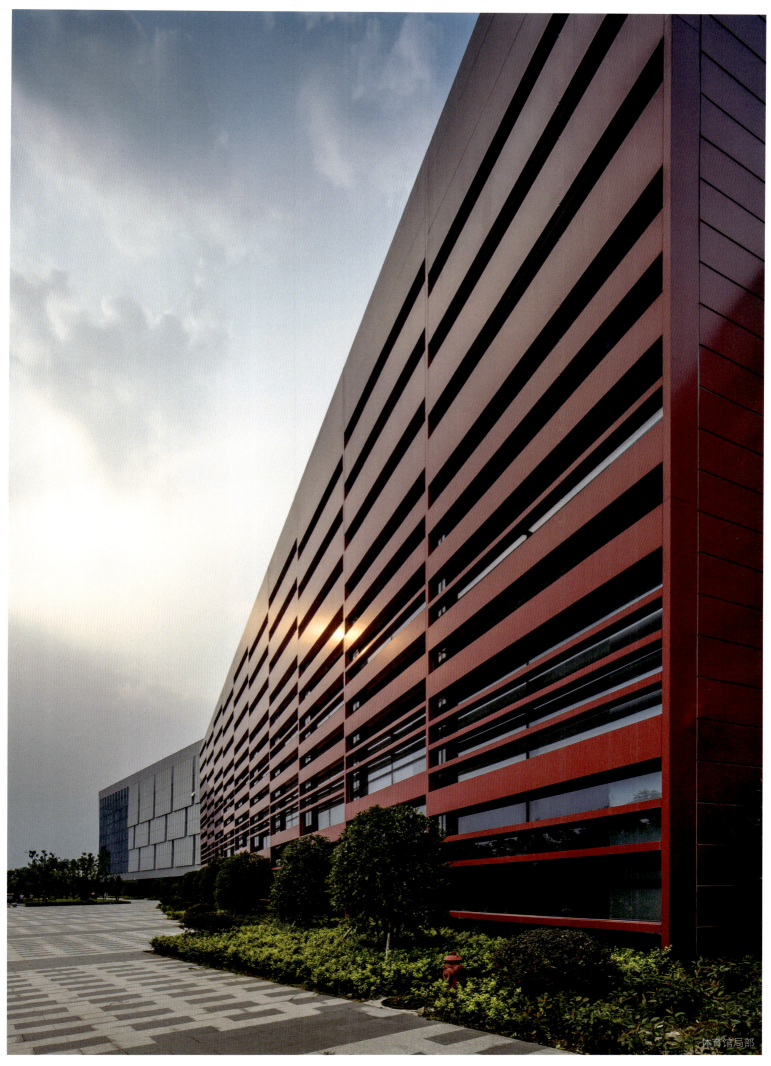
体育馆局部

东南大学九龙湖校区体育馆
Stadium of Jiulong Lake Campus, Southeast University, Nanjing, Jiangsu

建筑规模 22 676平方米
设计/竣工 2010/2014年
建筑地点 江苏 · 南京
建 筑 师 万小梅　马　进

东南大学九龙湖体育馆总建筑面积22 676平方米，为乙级中型体育馆，由一个4 476座的比赛馆和两组练习馆组成。比赛馆位于建筑中部，通过结构和构造的精心设计、挺拔洗练的线条，塑造出体育建筑升腾向上的动势，并实现了外部形象与建构逻辑的统一。练习馆位于比赛馆南北两侧，与比赛馆形态与材质既统一又对比，凸显出现代高校体育建筑的包容与个性并蓄的精神特质。

鸟瞰

入口

客房一隅

亲水平台

客房一隅

上饶市龙潭湖综合整治项目
Longtan Lake Renovation Project, Shangrao, Jiangxi

建筑规模　24 727平方米
设计/竣工　2009/2011年
建筑地点　江西·上饶
建 筑 师　马晓东　韩冬青　谭亮

上饶市龙潭湖综合整治项目龙潭湖宾馆位于上饶市新城区龙潭湖生态公园地块内，是赣东北地区目前唯一一家集公务、商务、休闲、旅游、度假于一体的五星级宾馆。用地内水面东西狭长，南岸现状山林保留较为完好，北岸自然形态大部分已被破坏，散布村舍、农田和砂石场。

设计试图在新城镇建设的大背景下，通过在自然和城市双重交织的场所中恰当地介入建筑，创建出与生态绿地相适宜的城市高档接待场所，达到既能衔接新城格局又能完善并延续原有自然形态的目标。

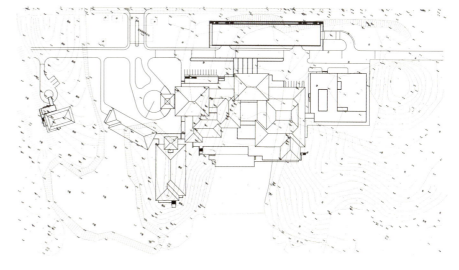

沿湖全景

亲水平台

临湖一景

客房一隅

南京鼓楼医院仙林国际医院基本医疗区
Basic Sanitaria of Xianlin International Hospital of Drum Tower Hospital, Nanjing, Jiangsu

建筑规模　104616平方米
设计/竣工　2007/2013年
建筑地点　江苏·南京
建筑师　　高崧　曹伟　刘弥　翁翊暄　雒建利　傅筱　林冀闽　顾燕

南京鼓楼医院仙林国际医院基地位于灵山北路南侧，南侧的灵山是仙林新市区的绿色生态廊道，北隔灵山北路与南京外国语学校仙林分校和正在规划设计的高品质居住小区毗邻，基地西侧为蓄洪水库，是城市重要的生态性景观水面，依山傍水。总用地面积266 250平方米，其中建筑用地面积144 940平方米。南京鼓楼医院仙林国际医院由四大功能区组成：高标准医疗、康复中心，平战结合地下车库，基本医疗区和医师培训中心。

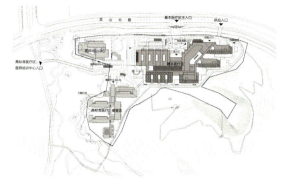

东侧全景

医疗街中庭

西北近景

鸟瞰全图

东莞市人民医院新院
Dongguan Hospital, Dongguan, Guangdong

建筑规模 26 833 平方米
设计/竣工 2006/2010 年
建筑地点 广东·东莞
建筑师 满 志 陈励先 陈欧翔

东莞市人民医院新院位于周边环境优美、交通便捷、具有极强发展前景的万江地块，本设计方案的造型设计，在着重整体建筑群体的构图与刻画的同时，考虑到该建筑群应对万道公路、环城路及东莞水道所起的标志性作用。

由于新建医院采用最新脊骨式"医疗街"的设计理念，将医疗、科研、后勤以及预防保健等建筑部分，通过"医疗街"疏密有致地连接成为一体。宽敞的入口绿化广场作为序曲，布满棕榈树及喷泉；面对着入口广场的是梭形的门诊、急诊入口，大片通透的落地玻璃，迎接着病人的到来，犹如一首交响乐的前奏，由此展现了医院建筑凝固音乐的精彩华章。

西向近景

近景

局部鸟瞰

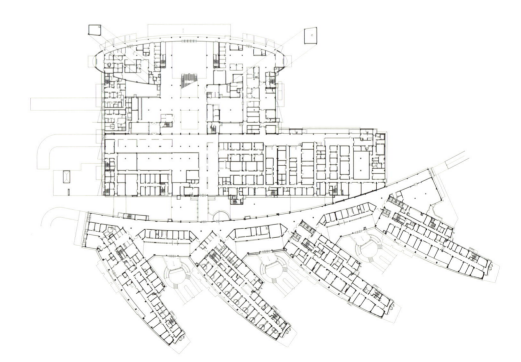

沿河远景

门诊部入口

办公·金融建筑

Offices & Commercial Architecture

206 人民日报社报刊综合业务楼
People's Daily Headquarters, Beijing

210 南京金融城
The Financial City, Nanjing, Jiangsu

214 江苏银行总部
Bank of Jiangsu Headquarters, Nanjing, Jiangsu

216 中国移动江苏公司连云港移动通信枢纽工程
Key Mobile Communication Project of CMCC Jiangsu Company, Lianyungang, Jiangsu

220 镇江行政机关办公用房迁建工程
Relocation of Administration Office Building, Zhenjiang, Jiangsu

办公·金融建筑　Offices & Commercial Architecture

人民日报社报刊综合业务楼
People's Daily Headquarters, Beijing

建筑规模 141 000平方米
设计/竣工 2009/2014年
建筑地点 北京
建筑师 周 琦 钱 锋

人民日报社报刊综合业务楼位于北京市朝阳区人民日报社西门，分建在南北两个地块上，南侧地块建设报刊综合业务楼(A区)，北侧地块建设图书馆及学术交流厅(B区)。项目作为新的地标建筑与不远处的CCTV大楼遥相呼应，共同对该地段城市环境整体品质的提升起到积极作用。

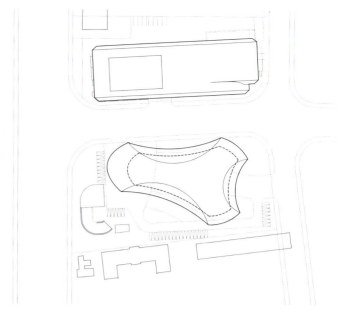

建筑与城市环境

顶层局部

局部

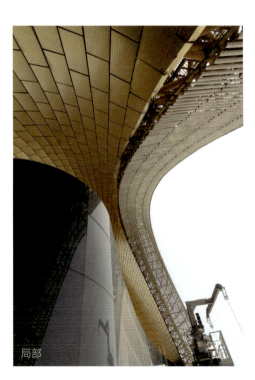

局部

人民日报社报刊综合业务楼(A区)以180米的高度拔地而起，以流线造型突出向上的动势，楼板以曲面的方式渐变，在基于几何完形的基础上塑造出特色鲜明的视觉效果。基于圆形生成的平面形式，不但在视觉上取得完整纯净的效果，同时最有效地利用了南、北、东三个朝向，取得良好的通风和采光效果，并为灵活分割使用空间提供了条件。本设计方案造型新颖，充满动感，具有鲜明的时代特色和深厚的文化内涵。

南京金融城
The Financial City, Nanjing, Jiangsu

建筑规模	744 501平方米
设计/竣工	2011/在建
建筑地点	江苏·南京
建 筑 师	GMP建筑事务所，德国
中方负责	袁 玮 曹 伟 徐 静

南京金融城的设计理念旨在实现一座具有革新性、现代感并且优雅美观的建筑综合体，满足各界金融人士的要求。建筑使用者包括了银行、保险公司、服务供应商等，标准层内大部分空间为办公空间。建筑裙房设有银行营业大厅、餐饮、员工食堂、信息中心、会议区等。超高层建筑顶部的高空花园部分为高层管理层办公以及会议区。

规划地块的区域位置"河西新城区中央商务区"位于南京市区西南，南京金融城所在第45号地块位于河西区新会展中心和江东中路东侧，南临雨润大街，西侧为江东南路，东侧为庐山路，北临嘉陵江东街，区位显著，地理环境优越。作为具有地标意义的建筑综合体，建成后将成为具有国际水准的金融企业的聚集地。

项目用地面积79 629平方米，拟建十栋高层建筑。地上总建筑面积515 215平方米，容积率为6.47，地下总建筑面积229 286平方米，地上和地下的建筑面积总计744 501平方米。

立面

总体鸟瞰

江苏银行总部
Bank of Jiangsu Headquarters, Nanjing, Jiangsu

建筑规模　100 000 平方米
设计/竣工　2008/2014 年
建筑地点　江苏·南京
建 筑 师　王志刚　袁 玮　林冀闽

本项目地处城市的核心区，且位于重点打造的金融一条街。结合规划要点，项目产品规划定位为金融中心。规划设计首先要注重新建项目与城市整体空间布局的和谐。新建筑不但要符合金融物业气质，也要考虑与局边环境的融合；既要成为金融物业本身的一张新名片，也要成为和谐共生中城市的一个新地标。建筑重点突出金融中心的简洁明快与伟岸挺拔。

全景

中国移动江苏公司连云港移动通信枢纽工程
Key Mobile Communication Project of CMCC Jiangsu Company, Lianyungang, Jiangsu

建筑规模　32 973平方米
设计/竣工　2008/2013年
建筑地点　江苏·连云港
建 筑 师　高庆辉　徐　静

中国移动江苏公司连云港移动通信枢纽工程位于连云港市中心区域——新浦区郁州北路与海连东路交叉口西北角地块内。本工程是一座集移动营业厅、数据通信机房、调度大厅、总部办公等为一体的综合楼，主要由一座19层的高层塔楼以及一座4层高的裙楼组成。设计深刻挖掘中国移动的企业文化以及连云港市滨海地域文化，以象征"手机"的形体、象征移动技术"数码美学"的表皮肌理以及移动企业"LOGO"与"浪花"的局部造型，塑造出曲线流动的有机形体，主楼与裙楼一气呵成，形成现代大气、新颖时尚的地标建筑形象。

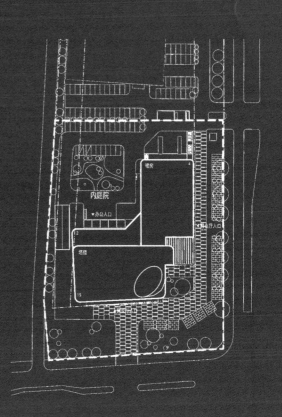

东向全景

营业厅近景

入口局部

东南全景

镇江行政机关办公用房迁建工程
Relocation of Administration Office Building, Zhenjiang, Jiangsu

建筑规模　141 000平方米
设计/竣工　2007/2010年
建筑地点　江苏·镇江
建筑师　　刘博敏　袁玮　石峻垚　俞传飞

本工程设计力争突破传统行政办公建筑旧有模式，实现更为高效、多元的功能配置方式，同时采用成熟可靠的生态节能理念和智能化技术手段，塑造稳健、新颖、亲民的建筑形象，以期使该建筑群作为镇江市21世纪的标志性焦点和山水生态城市风貌的亮点。

南向全景

风景区·历史街区·城市设计
Landscape, Historical District & Urban Design

226 南京牛首山风景区游客服务中心
Tourist Service Center of Niushou Mountain Tourist Resort, Nanjing, Jiangsu

232 武夷山九曲花街
Jiuquhua Street of Wuyi Mountain, Wuyishan, Fujian

236 南捕厅历史文化风貌保护区四号地块
4th Block of Historical Culture Protection Area of Nanbuting, Nanjing, Jiangsu

240 井冈山笔架山景区一期服务设施
First Phase of Bijia Mountain Service Facility, Jinggangshan Mt., Ji'an, Jiangxi

244 南京钟山风景名胜区博爱园修建性详细规划
Constructive Detailed Planning of Bo'ai Park of Purple Mountain Scenic Area, Nanjing, Jiangsu

248 南京市河西新城区中心地区CBD及南延段城市设计
Urban Design of Hexi CBD and South Extension, Nanjing, Jiangsu

254 绍兴迎恩门风情水街城市设计
Urban Planning of Water Street of Ying'en Gate, Shaoxing, Zhejiang

风景区·历史街区·城市设计 Landscape, Historical District & Urban Design

南京牛首山风景区游客服务中心
Tourist Service Center of Niushou Mountain Tourist Resort, Nanjing, Jiangsu

建筑规模 91 669平方米
设计/竣工 2013/2014年
建筑地点 江苏·南京
建筑师 王建国 吴云鹏 朱 渊

建筑总体规模较大，设计根据地形标高变化，采用了两组在平面和体形上连续折叠的建筑体量布局，高低错落、虚实相间。建筑围合出一个礼仪性参禅公共空间，并统领了建筑群和人流组织的整体秩序、层次性和可识别感。

在审美意象上，考虑了舍利和牛首山佛教发展的年代属性，总体抽象撷取简约唐风，以及江南灵秀婉约的建筑气质，既隐含"牛首烟岚"的意境，也回应了社会各界和公众心目中所预期的集体记忆。

建筑设计坡顶、连续檐廊、莲池，以及采用屋顶、墙柱和基座三段式处理。建造形式、材料和色彩选择较好地响应了建筑特定的地域。同时运用现代建筑的抽象理念，审慎地将屋顶、墙体、立柱、门窗各个独立的建筑元素在设计和现场建造中建立起整体性。

水池北侧视景

室内局部

主体建筑构架

鸟瞰全景

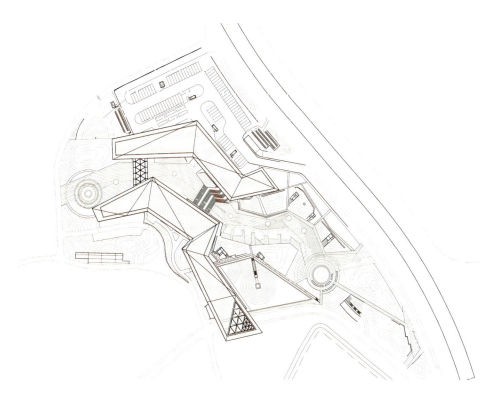

建筑檐下空间

售票厅回望广场景观

入口远景

武夷山九曲花街

Jiuquhua Street of Wuyi Mountain, Wuyishan, Fujian

建筑规模 42 000平方米
设计/竣工 2003/2007年
建筑地点 福建 · 武夷山
建筑师 单踊 袁玮

武夷山市九曲花街位于武夷山景区的星村镇，集中了餐饮、商业购物、文化休闲娱乐等多项功能，同时又是游客至"九曲溪竹筏漂流"码头的入口。

建筑设计特点：重视自然环境，力求环境、经济、社会效益的统一；充分尊重地形地貌、地域文化和景观特色；以人为本、合理布局；探索与地域风貌及时代特征更适宜的形象定位；对场所的认识和诠释。

全景

整体鸟瞰

街巷空间

南捕厅历史文化风貌保护区四号地块
4th Block of Historical Culture Protection Area of Nanbuting, Nanjing, Jiangsu

建筑规模　36 280平方米
设计/竣工　2008/2011年
建筑地点　江苏·南京
建筑师　　沈国尧　钱　锋　庄　昉　殷伟韬

南捕厅历史文化风貌保护区四号地块三期工程南区项目位于南京市中山南路和升州路交叉口西北角，地处南京市政府公布的南京市历史风貌保护区范围内。北侧25米外即是国家级文物保护单位"甘熙宅第"，并与已经建成的二期工程融为一体。设计之初，该地块除了南侧三栋设计保留的历史建筑之外，已经拆迁为一块净地。地块性质为以老南京特色文化展示为目标的混合用地。本工程由两栋商业建筑、五栋办公展示建筑、一栋特色酒店和保留更新的三栋民国建筑组成。地面以上以二、三层为主，局部四层，地面以下两层，主要用于设备机房和停车。在空间布局上延续了该地块原有的街巷肌理，在建筑第五立面的图底关系上同这个地块的环境充分融合。北侧设计了一个小广场，供居民游人休憩，也沟通了项目和二期之间的联系。空间设计采用中国传统尺度，既有狭窄的巷弄，也有宜人的庭院广场，做到有收有放，富于变化。

街巷空间

广场空间

街巷空间

"熙南里"牌枋

井冈山笔架山景区一期服务设施
First Phase of Bijia Mountain Service Facility, Jinggangshan Mt., Ji'an, Jiangxi

建筑规模 13 580平方米
设计/竣工 2006/2008年
建筑地点 江西·吉安
建筑师 韩冬青 马晓东 顾 燕 王 铠 钟华颖

设计包括游客接待中心和位于山体不同海拔的三个索道站点，为笔架山风景区的进一步开发提供了重要的基础设施。

经过对场地景观条件、民居住宅原生态的组织模式及建造技术的调研，考虑现有的建筑内部功能，设计结合了部分当地传统木结构的做法。除此之外，利用竹材来作为立面遮阳的处理手法，使建筑融入周边的自然环境。

下站房湖景

游客服务中心外观

邻水休息平台

游客出站口

入口全景

出站栈道

南京钟山风景名胜区博爱园修建性详细规划
Constructive Detailed Planning of Bo'ai Park of Purple Mountain Scenic Area, Nanjing, Jiangsu

建筑规模　26 833平方米
设计/竣工　2006/2012年
建筑地点　江苏·南京
建　筑　师　王建国　韩冬青　陈　薇　马晓东　王晓俊　周武忠　胡明星　孙世界　蔡凯臻　徐小东

钟山风景名胜区位于南京都市发展区的核心地带,自然生态资源丰富,历史文化资源深厚,景观资源荟萃,自古享有"金陵毓秀"的称誉。随着中山陵景区环境综合整治一期工程的顺利完成,包括博爱园、钟山运动公园和山北民俗风情园等景区建设在内的二期工程已经积极展开,以进一步拓展风景区的旅游资源,完善其整体功能,全面提升档次和国际知名度。

规划坚持严格保护、统一管理、合理开发、永续利用的基本方针,突出保护生态的理念,以科学整合、合理利用资源为前提,贯彻落实上位规划确定的总体原则;进一步完善景区结构,充分挖掘景区内自然与人文景观资源,强化景点之间的系统建设,塑造典型景观和主题区域;开展以瞻仰纪念、人文怀古、科普教育、生态休闲为主的旅游观光活动,弘扬以孙中山思想为代表的民国历史文化;并以龙头作用带动整个钟山南麓风景区环境品质的提升,全面推进景区与钟山风景名胜区融合的一体化进程,促进博爱园乃至整个中山陵景区的环境、景观和经济的协调发展。

左所村拆除后实景

休闲活动—休闲游憩

使用活动—公众聚会

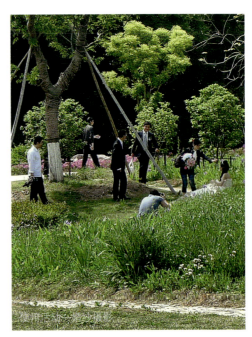

绿化种植

西溪改造后实景

总平面图

全景

南京市河西新城区中心地区 CBD 及南延段城市设计
Urban Design of Hexi CBD and South Extension, Nanjing, Jiangsu

建筑规模　72.9+56 公顷
设计/竣工　2006/在建
建筑地点　江苏·南京
建筑师　　韩冬青　王志刚　方榕　孟媛

河西新城位于南京老城区西侧，西依长江，总用地面积约为54平方公里。新城中心区一期工程即为商务中心区，土地使用功能以金融、商务办公为主体，总用地面积约72.9公顷。

河西中央商务区是承载城市高品质服务功能、体现城市形象的重点区，应该建设成为功能布局合理、交通出行便捷、空间利用高效、环境优雅宜人、整体文化特色鲜明的城市与建筑、人与环境一体化协调发展的高水平现代中央商务区。河西新城中央商务区南延城市设计在与城市整体空间结构及周边环境协调呼应的前提下，适当延续中央商务区一期的形态结构，妥善处理地铁穿越和河道分割造成的用地矛盾，创造能适应不同实力规模的企业总部、政府或行业职能部门等进驻的具有灵活适应性和功能复合的特色花园商务区。

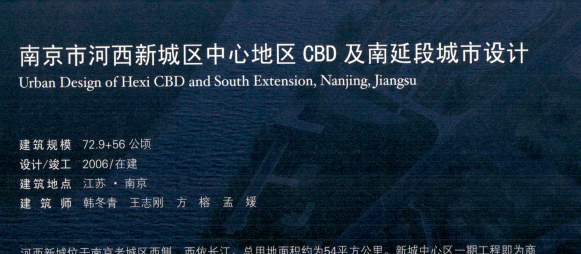

鸟瞰效果图

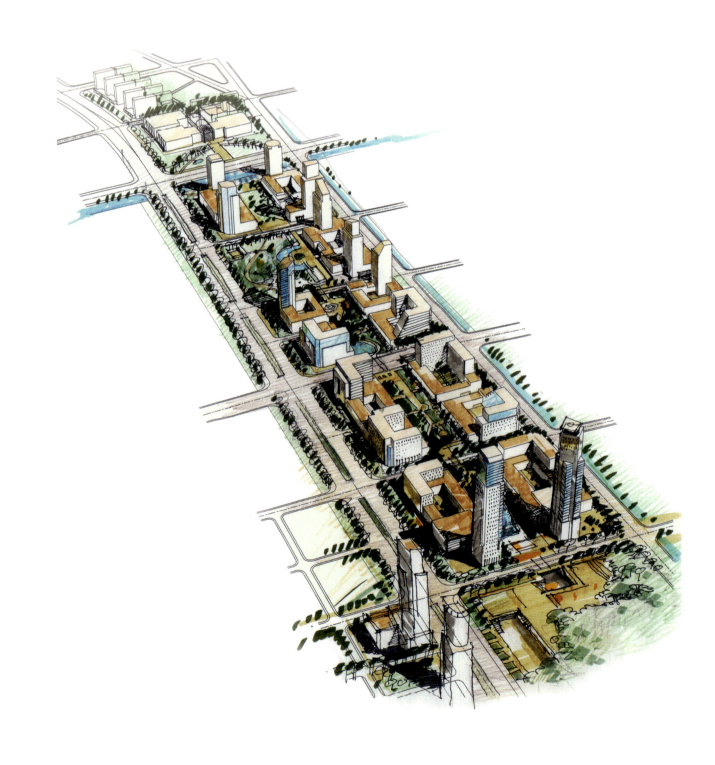

总平面图

功能分区

商务办公
文化娱乐
展览商业配套
金融办公

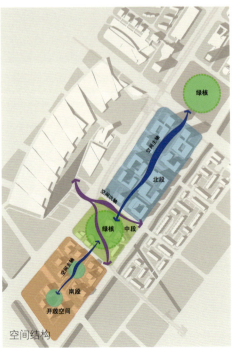
空间结构

总体鸟瞰

绍兴迎恩门风情水街城市设计
Urban Planning of Water Street of Ying'en Gate, Shaoxing, Zhejiang

建筑规模　19.4公顷
设计/竣工　2014/在建
建筑地点　浙江·绍兴
建筑师　　仲德崑　孙友波

本项目毗邻西小河历史街区、新河弄历史街区、黄酒文化园，保护和修缮了区域中古寺、古桥和河道等水乡风貌带。本项目与古城周边区域黄酒文化园对接，使得历史和时尚旅游呈现新的活力。"迎恩门风情水街"项目的核心目标是实现城市功能发展、市场运作、古城文脉传承的三赢格局；通过交通组织、商业布局和旅游导向等的策划实现"迎恩门风情水街"作为构建绍兴水城目标的有机功能的一部分；通过旅游、商业、居住等实体开发实现"迎恩门风情水街"的市场价值最大化，满足现实的资本需求；通过建筑规划、路网规划、内部活动规划等方式继承和发扬古城文化。

总体夜景鸟瞰

水街局部鸟瞰

水街局部鸟瞰

总体鸟瞰

东南大学建筑设计研究院有限公司五十周年庆作品选
项目设计团队人员一览表

序号	项目名称	项目负责人	方案主创	建筑专业负责人	结构专业负责人	其他专业负责人	设计时间	竣工时间	备注
1	南京市基督教圣恩堂	韩冬青 马晓东	韩冬青,马晓东,石峻垚,王恩琪,吴海龙,许昱歆,陈染,孙颖智	马晓东	孙逊	王志东,周桂祥,陈俊,臧胜,陈丽芳	2008	2014	
2	南京市妇女儿童活动中心	韩冬青 马晓东	韩冬青,马晓东,吴海龙	韩冬青 王正	傅强	王志东,周桂祥,陈俊,臧胜,陈丽芳	2008	2010	
3	金陵图书馆新馆	曹伟 张宏	曹伟,张宏,沙晓冬	曹伟	孙逊 王剑飞	史青,钱锋,龚德建,臧胜,周革利	2005	2008	
4	南京吉兆营清真寺翻建工程	马晓东 韩冬青	马晓东,韩冬青,许昱歆,孙慧颖	马晓东	韩重庆	贺海涛,周桂祥	2009	2014	
5	九江市文化艺术中心	高庆辉 徐静	高庆辉,钱晶,蒋澍,徐静,钱瑜皎,陈庆宁	徐静	韩重庆	鲍迎春,周桂祥,包向忠,章敏婕,陈丽芳	2009	2015	
6	江苏省档案馆新馆	曹伟 刘珏	曹伟,沙晓冬,孙霄奕	刘珏	施明征	史青,钱锋,龚德建,臧胜,陈丽芳	2008	2014	
7	南京市档案馆、方志馆	曹伟 刘珏	曹伟,赵卓,侯彦普	刘珏	钱洋	钱锋,龚德建,李骥,陈丽芳	2011	2014	
8	扬州古城南门遗址博物馆	马晓东 陈薇	马晓东,陈薇,韩冬青,刘华,许昱歆,谭亮	马晓东	孙逊	凌洁,王志东,徐明立,张磊	2009	2011	
9	镇江市丹徒高新园区信息中心	韩冬青 马晓东	韩冬青,马晓东,顾震弘,孟媛	韩冬青	施明征	马志虎,龚德建,钱锋,陈洪亮	2009	2013	
10	镇江市丹徒区城市规划建设展览馆	韩冬青	韩冬青,王正,陈科舟	韩冬青	朱筱俊	孙毅,袁星,张本林	2007	2008	
11	江宁博物馆	王建国 钱锋	王建国,王湘君,徐宁	钱锋	梁沙河	马志虎,柏晨,罗汉新,臧胜,周革利	2007	2009	
12	江苏省绿色建筑和生态智慧城区展示中心	马晓东	马晓东,顾震弘,孟媛,杨晨,艾尚宏	马晓东	韩重庆	王志东,周桂祥,丁惠明,臧传国	2012	2013	
13	安徽省皖西博物馆	钱强 滕衍泽	钱强,何博翔,崔陇鹏,钱瑜皎,王巧莉	滕衍泽	朱筱俊	马志虎,范大勇,许东晟,臧胜	2006	2011	
14	南京地质博物馆扩建工程	曹伟 徐静	曹伟,沙晓冬	徐静	孙逊	秦邵冬,许轶,丁惠明,臧胜,周革利	2007	2010	
15	太原美术馆	袁玮	PSC设计事务所	林冀闽	孙逊	王志东,周桂祥,徐明立,臧传国,张萍	2009	2012	与美国PSC设计事务所合作
16	中国国际建筑艺术实践展——会议中心	高崧 马晓东	Arata Isozaki	马晓东 傅筱	孙逊	韩治成,周桂祥,张云坤,臧传国	2003	2011	与日本建筑师矶崎新(Arata Isozaki)合作
16	中国国际建筑艺术实践展——睡莲	高崧 马晓东	Mathias Klotz	曹伟	黄明	韩治成,范大勇,张云坤	2003	2011	与智利建筑师马休斯·克劳兹(Mathias Klotz)合作
16	中国国际建筑艺术实践展——光盒子	高崧 马晓东	David Adjaye	曹伟	黄明	韩治成,罗振宁,张云坤	2003	2011	与英国建筑师戴维·艾德加耶(David Adjaye)合作
16	中国国际建筑艺术实践展——水榭	高崧 马晓东	Alberto Kalach	万晓梅	王志明	鲍迎春,周桂祥,丁惠明	2003	2011	与墨西哥建筑师阿尔伯特·卡拉奇(Alberto Kalach)合作
16	中国国际建筑艺术实践展——舟泊	高崧 马晓东	Matti Naksenaho	薛枫	韩重庆	经一芬,屈建球,包向忠	2003	2011	与芬兰建筑师马蒂·那克塞那豪(Matti Naksenaho)合作
17	张家港市梁丰初级中学	韩冬青	韩冬青,都成,吴海龙,王恩琪,许昱歆	韩冬青			2010	2011	与张家港市建筑设计研究院有限责任公司合作
18	北京建筑大学大兴新校区机电与车辆工程学院、电气与信息工程学院	高庆辉 孔晖	高庆辉,孔晖,袁伟俊	孔晖	黄明	韩治成,钱锋,龚德建,张磊	2011	2014	
19	中共南京市委党校规划及建筑设计	曹伟 徐静	曹伟,刘弥,沙晓冬,杨芳,刘媛	徐静	孙逊	刘俊,臧胜,唐超权,余红	2010	2013	
20	独墅湖高教区东南大学苏州研究院	高庆辉 袁玮	高庆辉,袁玮,高崧,林冀闽,孙霄奕	袁玮	韩重庆	徐春晖,周桂祥,徐明立,臧传国	2007	2009	
21	南京市北京东路小学教学楼	徐静 曹伟	曹伟	徐静	王剑飞	徐春晖,屈建球,臧传国	2005	2007	
22	长兴广播电视台	傅筱 刘桑园	傅筱	傅筱	高仲学	秦邵东,许东晟,张辰,陈洪亮	2007	2009	
23	南京三宝科技集团超高频RFID电子标签产业化应用项目物联网工程中心	张彤 殷伟韬	张彤,殷伟韬,耿涛,陆昊,陈晓娟,沙菲菲	张彤 殷伟韬	朱筱俊	柏晨,许东晟,张程,赵元	2011	2013	
24	中国普天信息产业上海工业园智能生态科研楼	张彤 毛烨	张彤,毛烨,苏玲,朱君,赵玥	毛烨	王剑飞	赵元,罗振宁,许东晟,周革利	2006	2009	

序号	项目名称	项目负责人	方案主创	建筑专业负责人	结构专业负责人	其他专业负责人	设计时间	竣工时间	备注
25	泉峰集团总部办公楼	钱锋	Perkins & Will	刘珏	孙逊	罗汉新，臧胜，曹子容，龚德建，陈丽芳	2003	2007	与美国帕金斯威尔（Perkins & Will）建筑设计事务所合作
26	北京未来科技城中国电子人才基地	钱锋 沙晓冬	钱锋，沙晓冬	刘珏	黄明	龚德建，孙毅，钱锋，章敏婕	2011	2014	
27	苏州高新区行政服务中心二期	曹伟 刘珏	曹伟，赵卓，沙晓冬，李竹，孙霄奕，翁翊暄，李晟嘉	刘珏	黄明	史青，钱锋，龚德建，周革利	2009	2013	
28	丹徒新城科创中心	韩冬青	韩冬青，王正，孟媛	韩冬青	王志明	王志东，周桂祥，陈俊，张程	2010	2013	
29	南京钟山创意产业园	高崧 雒建利	雒建利	滕衍泽	施明征	刘俊，臧胜，唐超权，周革利	2009	2015	
30	江苏舜天国际集团研发中心一期工程	钱锋	WZMH	刘珏	黄明	史青，钱锋，龚德建，臧传国，周革利	2003	2006	与加拿大 WZMH 建筑设计事务所合作
31	南京青奥体育公园－青少年奥林匹克培训基地规划	韩冬青 王志刚	韩冬青，王志刚，钱晶	钱晶 周玮	施明征 黄明	刘俊，钱锋，龚德建，陈洪亮，周革利	2012	在建	
	南京青奥体育公园－长江之舟综合体	高崧 王志刚	韩冬青，王志刚，刘弥	王志刚 李大勇	施明征 黄明	刘俊，钱锋，龚德建，陈洪亮，周革利	2012	在建	与上海EGD建筑设计公司合作
32	靖江体育中心	袁玮 石峻垚	袁玮，石峻垚，李宝童	石峻垚	韩重庆	王志东，许轶，陈俊，陈洪亮，陈丽芳	2010	2014	
33	东南大学九龙湖校区体育馆	葛爱荣 万小梅	万小梅，马进	万小梅	孙逊	刘俊，臧胜，唐超权，陈丽芳	2010	2014	
34	南京紫金山庄	高民权 马晓东	韩冬青，马晓东，单峰，张航	单峰 周玮 韩冬青 毛烨 张航	施明征	刘俊，曹子容，唐超权，臧胜	2004	2010	
35	上饶市龙潭湖综合整治项目	马晓东	马晓东，韩冬青，谭亮	马晓东	施明征	韩治成，范大勇，许东晟，李骥，余红	2009	2011	
36	南京鼓楼医院仙林国际医院基本医疗区	高崧 曹伟	曹伟，刘弥，翁翊暄，雒建利，傅筱，林冀闽，顾燕	顾燕	施明征	史青，钱锋，龚德建，臧胜，周革利	2007	2013	
37	东莞市人民医院新院	满志 陈励先	满志，陈励先，陈欧翔		谭晓明	史青，龚德建，钱锋，臧胜	2006	2010	
38	人民日报社报刊综合业务楼	周琦 钱锋 崔永平	周琦	钱锋	孙逊	史青，钱锋，龚德建，臧胜，周革利	2009	2014	
39	南京金融城	袁玮 曹伟	GMP	徐静	孙逊 王志明 韩重庆 杨波	王志东，周桂祥，徐明立	2011	在建	与德国GMP建筑师事务所合作
40	江苏银行总部	王志刚 袁玮	王志刚	林冀闽	王志明	王志东，周桂祥，徐明立，臧传国，周革利	2008	2014	
41	中国移动江苏公司连云港移动通信枢纽工程	高庆辉 徐静	高庆辉	徐静	孙逊	贺海涛，周桂祥，丁惠明，臧胜，张萍	2008	2013	
42	镇江行政机关办公用房迁建工程	刘博敏 袁玮	刘博敏，袁玮，石峻垚，俞传飞	袁玮	孙逊	王志东，周桂祥，丁惠明，臧传国，周革利	2007	2010	
43	武夷山九曲花街	单踊 周桂祥	单踊	袁玮	韩重庆	贺海涛，周桂祥，周革利	2003	2007	
44	南捕厅历史文化风貌保护区四号地块	沈国尧 钱锋	钱锋，庄昉，殷伟韬	殷伟韬	王剑飞	张咏秋，罗汉新，袁星	2008	2011	
45	南京牛首山风景区游客服务中心	王建国 吴云鹏	王建国，朱渊	吴云鹏 朱渊	梁沙河	孙毅，史海山，龚德建，张磊，陈丽芳	2013	2014	
46	井冈山笔架山景区一期服务设施	韩冬青 马晓东	韩冬青，马晓东，顾燕，王铠，钟华颖	顾燕	王颖铭	马志虎，范大勇	2006	2008	
47	南京钟山风景名胜区博爱园修建性详细规划	王建国 韩冬青	王建国，韩冬青，陈薇，马晓东，王晓俊，周武忠，胡明星，孙世界，蔡凯臻，徐小东	马晓东			2006	2012	
48	南京市河西新城区中心地区 CBD 及南延段城市设计	韩冬青 王志刚	韩冬青，王志刚，方榕，孟媛				2006	在建	
49	绍兴迎恩门风情水街城市设计	仲德崑 孙友波	仲德崑	孙友波			2014	在建	
50	金陵大报恩寺遗址博物馆	韩冬青 陈薇	韩冬青，陈薇，马晓东，马骏华，胡明皓，孟媛，吴国栋，朱光亚，杨俊	马晓东	孙逊	鲍迎春，周桂祥，陈俊，张程，周革利	2012	2015	

作品选项目获奖一览表

- **南京市妇女儿童活动中心**
  1. 2014 年度江苏省第十六届优秀工程设计一等奖

- **金陵图书馆新馆**
  1. 2009 年度全国优秀工程勘察设计行业奖建筑工程二等奖
  2. 2009 年度教育部优秀建筑工程设计一等奖

- **九江市文化艺术中心**
  1. 2011 年第五届"江苏建筑师杯"优秀建筑设计方案大赛一等奖

- **江苏省档案馆新馆**
  1. 2008 年第二届"江苏建筑师杯"方案设计大赛一等奖

- **江苏省绿色建筑和生态智慧城区展示中心**
  1. 2014 年度江苏省绿色建筑方案设计竞赛一等奖

- **安徽省皖西博物馆**
  1. 2007 年第一届"江苏建筑师杯"优秀建筑设计方案大赛三等奖

- **南京地质博物馆扩建工程**
  1. 2007 年第一届"江苏建筑师杯"优秀建筑设计方案大赛三等奖
  2. 2011 年度教育部优秀建筑结构专业设计三等奖
  3. 2013 年度江苏省第十五届优秀工程设计一等奖

- **北京建筑大学大兴新校区机电与车辆工程学院、电气与信息工程学院**
  1. 2015 年度教育部优秀建筑工程设计一等奖

- **独墅湖高教区东南大学苏州研究院**
  1. 2011 年度全国优秀工程勘察设计行业奖建筑工程二等奖、三等奖各一项
  2. 2013 年中国建筑设计奖（建筑创作）银奖
  3. 2011 年度教育部优秀建筑工程设计二等奖
  4. 2011 年度江苏省第十五届优秀工程设计一等奖

- **南京市北京东路小学教学楼**
  1. 2008 年度全国优秀工程勘察设计行业奖建筑工程二等奖
  2. 2007 年度教育部优秀建筑工程设计二等奖

- **长兴广播电视台**
  1. 2013 年度全国优秀工程勘察设计行业奖建筑工程一等奖
  2. 2013 年中国建筑设计奖（建筑创作）金奖
  3. 2013 年度江苏省第十五届优秀工程设计一等奖
  4. 2013 年度香港建筑师学会两岸四地优秀建筑设计金奖

- **中国普天信息产业上海工业园智能生态科研楼**
  1. 2013 年度全国优秀工程勘察设计行业奖建筑工程一等奖
  2. 2013 年中国建筑设计奖（建筑创作）银奖
  3. 2013 年度江苏省第十五届优秀工程设计二等奖

- **泉峰集团总部办公楼**
  1. 2009 年度全国优秀工程勘察设计行业奖建筑工程二等奖（中外合作项目）
  2. 2013 年中国建筑设计奖（建筑创作）金奖
  3. 2010 年度江苏省第十四届优秀工程设计一等奖

- **苏州高新区行政服务中心二期**
  1. 2014 年度江苏省第十六届优秀工程设计二等奖

- **靖江体育中心**
  1. 2010 年度第四届"江苏建筑师杯"优秀建筑设计方案大赛二等奖

- **上饶市龙潭湖综合整治项目**
  1. 2013 年度全国优秀工程勘察设计行业奖建筑工程三等奖
  2. 2013 年度教育部优秀建筑工程设计一等奖
  3. 2009 年度第三届"江苏建筑师杯"方案设计大赛二等奖

- **南京鼓楼医院仙林国际医院基本医疗区**
  1. 2014 年度江苏省第十六届优秀工程设计一等奖
  2. 2009 年度第三届"江苏建筑师杯"优秀建筑设计方案大赛一等奖

- **中国移动江苏公司连云港移动通信枢纽工程**
  1. 2015 年度教育部优秀建筑工程设计三等奖

- **武夷山九曲花街**
  1. 2011 年度全国优秀工程勘察设计行业奖建筑工程三等奖
  2. 2011 年教育部优秀建筑工程设计一等奖
  3. 2007 年第一届"江苏建筑师杯"方案设计大赛二等奖

- **南捕厅历史文化风貌保护区四号地块**
  1. 2011 年度第五届"江苏建筑师杯"优秀建筑设计大赛一等奖

- **南京钟山风景名胜区博爱园修建性详细规划**
  1. 2013 年度教育部优秀规划设计一等奖

- **南京市河西新城区中心地区 CBD 及南延段城市设计**
  1. 2010 年度江苏省第十四届优秀工程设计三等奖

- **绍兴迎恩门风情水街城市设计**
  1. 2014 年度江苏省土木建筑学会第八届建筑创作奖（城市设计与住宅类）一等奖

图书在版编目（CIP）数据

东南大学建筑设计研究院有限公司50周年庆作品选.
建筑·规划：2005～2015 / 东南大学建筑设计研究院有
限公司著. -- 南京：东南大学出版社，2015.12
　　ISBN 978-7-5641-6183-5

　Ⅰ. ①东… Ⅱ. ①东… Ⅲ. ①建筑设计－作品集－中
国－现代②城市规划－建筑设计－作品集－中国－现代
Ⅳ. ①TU206②TU984.2

中国版本图书馆CIP数据核字（2015）第294650号

书　　名	东南大学建筑设计研究院有限公司50周年庆作品选 建筑·规划（2005—2015）
责任编辑	戴　丽　魏晓平
书籍装帧	皮志伟
责任印制	张文礼
出版发行	东南大学出版社
社　　址	南京市四牌楼2号（邮编：210096）
出 版 人	江建中
网　　址	http://www.seupress.com
印　　刷	上海雅昌艺术印刷有限公司
开　　本	787mm×1092mm　1/8
印　　张	33
字　　数	488千字
版　　次	2015年12月第1版
印　　次	2015年12月第1次印刷
书　　号	ISBN 978-7-5641-6183-5
定　　价	360.00元
经　　销	全国各地新华书店

＊版权所有，侵权必究

＊本社图书若有印装质量问题，请直接与读者服务部联系。电话（传真）：025-83791830